リピート＆チャージ化学基礎ドリル

酸と塩基／酸化還元反応

本書の特徴と使い方

本書は，化学基礎の基本となる内容をつまずくことなく学習できるようにまとめた書き込み式のドリル教材です。

▶1項目につき1見開きでまとまっており，計画的に学習を進めることができます。

▶『Check』（ない項目もあります）→『例』→『類題』で構成しており，各項目について段階的に繰り返し学習し，内容の定着をはかります。

▶ページの下端には，学習内容の理解を助けるためのアドバイスを載せております。

☑ 最低限おさえておくべき基本事項
考え方のポイントや覚えておくと便利な豆知識
計算や知識を理解するうえでの注意点

▶各項目の右ページ上部に，計算に必要な原子量の概数値と基本定数を記載しています。問題を解くさいに参照してください。

▶巻末に「周期表ドリル」を掲載しました。周期表中の虫食い部分をうめていくスタイルです。周期表は，化学を学んでいくうえで欠かせない事項なので，くり返して定着させましょう。

目次

モル濃度の復習

1 次の溶液のモル濃度を，有効数字２桁で答えなさい。

例 硫酸 H_2SO_4 0.50 mol を水に溶かして，200 mL とした溶液

解法 溶液 200 mL＝0.200 L より，

$$\frac{0.50\ \text{mol}}{0.200\ \text{L}}=2.5\ \text{mol/L}$$

答 **2.5 mol/L**

(1) 水酸化ナトリウム NaOH 1.0 mol を水に溶かして，2.0 L とした溶液

mol/L

(2) 塩化カルシウム $CaCl_2$ 6.0 mol を水に溶かして，4.0 L とした溶液

mol/L

(3) エタノール C_2H_5OH 0.50 mol を水に溶かして，100 mL とした溶液

mol/L

(4) 酢酸 CH_3COOH 0.25 mol を水に溶かして，500 mL とした溶液

mol/L

(5) グルコース $C_6H_{12}O_6$ 0.010 mol を水に溶かして，50 mL とした溶液

mol/L

2 次の溶液のモル濃度を，有効数字２桁で答えなさい。

例 硫酸 H_2SO_4 49 g を水に溶かして，200 mL とした溶液

解法 H_2SO_4 の物質量は，

$$\frac{49\ \text{g}}{98\ \text{g/mol}}=0.50\ \text{mol}$$

溶液 200 mL＝0.200 L より，

$$\frac{0.50\ \text{mol}}{0.200\ \text{L}}=2.5\ \text{mol/L}$$

答 **2.5 mol/L**

(1) 水酸化ナトリウム NaOH 40 g を水に溶かして，2.0 L とした溶液

mol/L

(2) 塩化カルシウム $CaCl_2$ 666 g を水に溶かして，4.0 L とした溶液

mol/L

(3) エタノール C_2H_5OH 23 g を水に溶かして，100 mL とした溶液

mol/L

(4) 酢酸 CH_3COOH 15 g を水に溶かして，500 mL とした溶液

mol/L

(5) グルコース $C_6H_{12}O_6$ 1.8 g を水に溶かして，50 mL とした溶液

mol/L

 ☑ モル濃度は，溶液１L に含まれる溶質の物質量を表したものである。

3 次の溶液に含まれる物質の物質量を，有効数字２桁で答えなさい。

例 2.0 mol/L 硫酸 100 mL に含まれる，硫酸 H_2SO_4 の物質量

解法 $2.0\ \text{mol/L} \times \frac{100}{1000}\ \text{L} = 0.20\ \text{mol}$

答 **0.20 mol**

(1) 1.0 mol/L 食塩水 200 mL に含まれる，塩化ナトリウム NaCl の物質量

＿＿＿＿ mol

(2) 6.0 mol/L アンモニア水 500 mL に含まれる，アンモニア NH_3 の物質量

＿＿＿＿ mol

(3) 0.10 mol/L の水酸化ナトリウム水溶液 20 mL に含まれる，水酸化ナトリウム NaOH の物質量

＿＿＿＿ mol

(4) 0.20 mol/L の酢酸水溶液 50 mL に含まれる，酢酸 CH_3COOH の物質量

＿＿＿＿ mol

(5) 1.0×10^{-2} mol/L のグルコース水溶液 40 mL に含まれる，グルコース $C_6H_{12}O_6$ の物質量

＿＿＿＿ mol

4 次の指定された溶液をつくるのに必要な溶質の質量を，有効数字２桁で答えなさい。

例 2.0 mol/L 硫酸 100 mL をつくるのに必要な，硫酸 H_2SO_4 の質量

解法 $2.0\ \text{mol/L} \times \frac{100}{1000}\ \text{L} \times 98\ \text{g/mol}$

＝19.6 g（20）

答 **20 g**

(1) 1.0 mol/L 食塩水 200mL をつくるのに必要な，塩化ナトリウム NaCl の質量

＿＿＿＿ g

(2) 6.0 mol/L アンモニア水 500 mL をつくるのに必要な，アンモニア NH_3 の質量

＿＿＿＿ g

(3) 0.10 mol/L の水酸化ナトリウム水溶液 20 mL をつくるのに必要な，水酸化ナトリウム NaOH の質量

＿＿＿＿ g

(4) 0.20 mol/L の酢酸水溶液 50 mL をつくるのに必要な，酢酸 CH_3COOH の質量

＿＿＿＿ g

(5) 1.0×10^{-2} mol/L のグルコース水溶液 40 mLをつくるのに必要な，グルコース $C_6H_{12}O_6$ の質量

＿＿＿＿ g

塩酸，硫酸，硝酸はそれだけで「水溶液」の意味をもつので，「水溶液」をつけなくてよい。

1 酸と塩基(1)

Check!

□ **アレニウスの酸と塩基の定義**

・**酸**(さん)…水に溶けて電離すると水素イオン H^+ を生じる物質。

・**塩基**(えんき)…水に溶けて電離すると水酸化物イオン OH^- を生じる物質。

□ **ブレンステッド・ローリーの酸と塩基の定義**

・**酸**…H^+ を与える物質。　・**塩基**…H^+ を受け取る物質。

1 次の物質の化学式を書き，酸・塩基を選びなさい。

例 **塩化水素(塩酸)**　HCl(㊙酸・塩基)

(1) 硝酸　＿＿＿＿(酸・塩基)

(2) 硫酸　＿＿＿＿(酸・塩基)

(3) リン酸　＿＿＿＿(酸・塩基)

(4) 酢酸　＿＿＿＿(酸・塩基)

(5) シュウ酸　＿＿＿＿(酸・塩基)

(6) 水酸化ナトリウム　＿＿＿＿(酸・塩基)

(7) 水酸化カルシウム　＿＿＿＿(酸・塩基)

(8) 水酸化マグネシウム　＿＿＿＿(酸・塩基)

(9) 水酸化バリウム　＿＿＿＿(酸・塩基)

(10) 水酸化カリウム　＿＿＿＿(酸・塩基)

(11) アンモニア　＿＿＿＿(酸・塩基)

2 次の化学式で示される物質の名称を書き，酸となるHは○，塩基となるOHは□で囲みなさい。

例 ⒽCl　答 **塩化水素(塩酸)**

(1) HNO_3　＿＿＿＿

(2) H_2SO_4　＿＿＿＿

(3) H_3PO_4　＿＿＿＿

(4) CH_3COOH　＿＿＿＿

(5) $H_2C_2O_4$　＿＿＿＿

(6) NaOH　＿＿＿＿

(7) $Ca(OH)_2$　＿＿＿＿

(8) $Mg(OH)_2$　＿＿＿＿

(9) $Ba(OH)_2$　＿＿＿＿

(10) KOH　＿＿＿＿

(11) $Al(OH)_3$　＿＿＿＿

! アンモニア NH_3 は，Hをもっているが，酸ではなく塩基である。

3 次の[ ]の物質群を，右の表の酸・塩基に分類して化学式で書きなさい。

<物質群>
水酸化アルミニウム　リン酸　硝酸
水酸化カルシウム　水酸化カリウム
水酸化ナトリウム　水酸化バリウム
硫化水素　アンモニア　硫酸
塩化水素(塩酸)　シュウ酸　酢酸

酸	塩基

4 ブレンステッド・ローリーの定義における，水素イオンのやり取りと，酸と塩基を答えなさい。

例
H^+（HCl → H_2O）
$HCl + H_2O \longrightarrow H_3O^+ + Cl^-$
（ 酸 ）（塩基）

(1)
$NH_3 + H_2O \longrightarrow NH_4^+ + OH^-$
(　　　)(　　　)

(2)
$HNO_3 + H_2O \longrightarrow H_3O^+ + NO_3^-$
(　　　)(　　　)

(3)
$CO_3^{2-} + H_2O \longrightarrow HCO_3^- + OH^-$
(　　　)(　　　)

(4)
$HSO_4^- + H_2O \longrightarrow H_3O^+ + SO_4^{2-}$
(　　　)(　　　)

(5)
$NH_4^+ + H_2O \longrightarrow NH_3 + H_3O^+$
(　　　)(　　　)

(6)
$HCl + NH_3 \longrightarrow NH_4^+ + Cl^-$
(　　　)(　　　)

(7)
$2HCl + Ba(OH)_2 \longrightarrow BaCl_2 + 2H_2O$
(　　　)(　　　)

5 次の物質の電離式を書きなさい。

例 塩化水素(塩酸) $HCl \longrightarrow H^+ + Cl^-$

(1) 硝酸
$HNO_3 \longrightarrow$ ＿＿＿＿＿＿＿＿

(2) 硫酸
$H_2SO_4 \longrightarrow$ ＿＿＿＿＿＿＿＿

(3) リン酸
$H_3PO_4 \rightleftarrows$ ＿＿＿＿＿＿＿＿

(4) 酢酸
$CH_3COOH \rightleftarrows$ ＿＿＿＿＿＿＿＿

(5) シュウ酸
$H_2C_2O_4 \rightleftarrows$ ＿＿＿＿＿＿＿＿

(6) 硫化水素
$H_2S \rightleftarrows$ ＿＿＿＿＿＿＿＿

(7) 水酸化ナトリウム
$NaOH \longrightarrow$ ＿＿＿＿＿＿＿＿

(8) 水酸化カルシウム
$Ca(OH)_2 \longrightarrow$ ＿＿＿＿＿＿＿＿

(9) 水酸化バリウム
$Ba(OH)_2 \longrightarrow$ ＿＿＿＿＿＿＿＿

(10) 水酸化カリウム
$KOH \longrightarrow$ ＿＿＿＿＿＿＿＿

(11) 水酸化鉄(Ⅲ)
$Fe(OH)_3 \rightleftarrows$ ＿＿＿＿＿＿＿＿

(12) アンモニア
$NH_3 + H_2O \rightleftarrows$ ＿＿＿＿＿＿＿＿

ブレンステッド・ローリーの定義では，水 H_2O は酸にも塩基にもなる。

2 酸と塩基(2)

Check!

□ **酸と塩基の価数**…電離して H^+(OH^-)になることのできる H(OH)の数。

□ **電離度**…水に溶かした酸や塩基のうち，電離するものの割合。

$$\text{電離度 } \alpha = \frac{\text{電離した電解質の物質量}}{\text{溶解した電解質の物質量}}$$

□ 酸(塩基)の強さ…電離度が大きい($\alpha \fallingdotseq 1$)酸を**強酸**といい，電離度が小さい酸を**弱酸**という。
電離度が大きい($\alpha \fallingdotseq 1$)塩基を**強塩基**といい，電離度が小さい塩基を**弱塩基**という。

・強酸…HCl，HNO_3，H_2SO_4 など
・強塩基…NaOH，KOH，$Ca(OH)_2$，$Ba(OH)_2$ など
・弱酸…CH_3COOH，$H_2C_2O_4$ など
・弱塩基…NH_3，$Mg(OH)_2$ など

1 次の物質の電離式を書き，何価の酸または塩基か答えなさい。

例 **塩化水素(塩酸) HCl**
・電離式：$HCl \longrightarrow H^+ + Cl^-$
・電離により 1 個の HCl から H^+ が 1 個生成するので 1 価の酸である。　**答 1 価の酸**

(1) 硝酸 HNO_3
　・電離式：　$HNO_3 \longrightarrow$ ＿＿＿＿＿＿　＿＿価の（ 酸・塩基 ）

(2) 硫酸 H_2SO_4
　・電離式：　$H_2SO_4 \longrightarrow$ ＿＿＿＿＿＿　＿＿価の（ 酸・塩基 ）

(3) リン酸 H_3PO_4
　・電離式：　$H_3PO_4 \rightleftarrows$ ＿＿＿＿＿＿　＿＿価の（ 酸・塩基 ）

(4) 酢酸 CH_3COOH
　・電離式：　$CH_3COOH \rightleftarrows$ ＿＿＿＿＿＿　＿＿価の（ 酸・塩基 ）

(5) シュウ酸 $H_2C_2O_4$
　・電離式：　$H_2C_2O_4 \rightleftarrows$ ＿＿＿＿＿＿　＿＿価の（ 酸・塩基 ）

(6) 硫化水素 H_2S
　・電離式：　$H_2S \rightleftarrows$ ＿＿＿＿＿＿　＿＿価の（ 酸・塩基 ）

(7) 水酸化ナトリウム NaOH
　・電離式：　$NaOH \longrightarrow$ ＿＿＿＿＿＿　＿＿価の（ 酸・塩基 ）

(8) 水酸化カルシウム $Ca(OH)_2$
　・電離式：　$Ca(OH)_2 \longrightarrow$ ＿＿＿＿＿＿　＿＿価の（ 酸・塩基 ）

(9) 水酸化バリウム $Ba(OH)_2$
　・電離式：　$Ba(OH)_2 \longrightarrow$ ＿＿＿＿＿＿　＿＿価の（ 酸・塩基 ）

(10) 水酸化カリウム KOH
　・電離式：　$KOH \longrightarrow$ ＿＿＿＿＿＿　＿＿価の（ 酸・塩基 ）

(11) 水酸化マグネシウム $Mg(OH)_2$
　・電離式：　$Mg(OH)_2 \rightleftarrows$ ＿＿＿＿＿＿　＿＿価の（ 酸・塩基 ）

(12) アンモニア NH_3
　・電離式：　$NH_3 + H_2O \rightleftarrows$ ＿＿＿＿＿＿　＿＿価の（ 酸・塩基 ）

酸(塩基)の価数と酸(塩基)の強さは関係がない。

2 次の[　]の中にある物質を，下の表の１価の酸・１価の塩基・２価の酸・２価の塩基・３価の酸・３価の塩基に分類して，化学式で書きなさい。

<物質群>
塩化水素(塩酸)　硫酸　水酸化ナトリウム　水酸化カルシウム　アンモニア　硝酸　シュウ酸
水酸化バリウム　水酸化アルミニウム　酢酸　硫化水素　水酸化カリウム　リン酸

	酸	塩基
1 価		
2 価		
3 価		

3 次の溶液の電離度と酸・塩基の強弱を答えなさい。

例 **1.0 mol の酢酸を水に溶かして，0.010 mol の酢酸イオンが生じたとき，この酢酸水溶液の電離度を求め，弱酸か強酸か答えなさい。**

解法 $\dfrac{0.010\ \text{mol}}{1.0\ \text{mol}}=0.010$　電離度が小さいので，弱酸である。**答** $\boldsymbol{\alpha=0.010}$**，弱酸**

(1)　0.20 mol のアンモニアを水に溶かして，0.0010 mol のアンモニウムイオンが生じたとき，このアンモニア水の電離度を求め，弱塩基か強塩基か答えなさい。

$\alpha=$

(2)　0.10 mol の水酸化ナトリウムを水に溶かして，0.10 mol の水酸化物イオンが生じたとき，この水酸化ナトリウム水溶液の電離度を求め，弱塩基か強塩基か答えなさい。

$\alpha=$

(3)　0.050 mol の塩化水素を水に溶かして，0.050 mol の水素イオンが生じたとき，この塩酸の電離度を求め，弱酸か強酸か答えなさい。

$\alpha=$

4 次の[　]の中にある物質を，下の表の強酸・強塩基・弱酸・弱塩基に分類して，化学式で書きなさい。

<物質群>
塩化水素(塩酸)　硫酸　水酸化ナトリウム　水酸化カルシウム　アンモニア　硝酸
シュウ酸　水酸化バリウム　水酸化アルミニウム　酢酸　硫化水素　水酸化カリウム

	酸	塩基
強		
弱		

リン酸は，中程度の強さを示す酸である。

3 水素イオン濃度と pH

Check!

□ **水素イオン濃度**[H⁺]…水素イオン H^+ のモル濃度。

・c〔mol/L〕の酸（電離度 α）の水素イオン濃度…$[H^+]=c\alpha$〔mol/L〕

発展 ・水溶液は，常に $[H^+][OH^-]=1.0\times10^{-14}(mol/L)^2$（25 ℃）が成り立つ（**水のイオン積**）。

□ **水素イオン指数 pH**…酸性や塩基性の強弱を表す値。

・$[H^+]=1.0\times10^{-n}$〔mol/L〕のとき，pH＝n

・強酸・強塩基の水溶液を 10 倍に希釈すると，pH は 7 に 1 ずつ近づく。

1 次の酸の水溶液の水素イオン濃度[H⁺]を求めなさい。

例 **0.20 mol/L の酢酸水溶液（電離度 α＝0.010）**

解法 $[H^+]=0.20\ \text{mol/L}\times0.010$
$=0.0020\ \text{mol/L}$ 答 **2.0×10^{-3} mol/L**

(1) 0.010 mol/Lの酢酸水溶液（電離度α＝0.010）

________ mol/L

(2) 0.010 mol/L のギ酸水溶液（電離度 α＝0.020）

________ mol/L

(3) 0.050 mol/L の塩酸（電離度 α＝1.0）

________ mol/L

2 発展 次の塩基の水溶液の水素イオン濃度[H⁺]を，水のイオン積 K_w を用いて求めなさい。

例 **0.010 mol/L の水酸化ナトリウム水溶液（電離度 α＝1.0）**

解法 $[OH^-]=0.010\ \text{mol/L}\times1.0$
$=0.010\ \text{mol/L}$

$$[H^+]=\frac{K_w}{[OH^-]}=\frac{1.0\times10^{-14}}{0.010}$$
$=1.0\times10^{-12}$ mol/L

答 **1.0×10^{-12} mol/L**

(1) 0.10 mol/L の水酸化ナトリウム水溶液（電離度 α＝1.0）

________ mol/L

(2) 0.020 mol/L の水酸化カリウム水溶液（電離度 α＝1.0）

________ mol/L

(3) 0.050 mol/L のアンモニア水（電離度 α＝0.010）

________ mol/L

3 次の水素イオン濃度[H⁺]から，水素イオン指数 pH を求めなさい。

例 **水素イオン濃度$[H^+]=1.0\times10^{-3}$ mol/L**

解法 水素イオン指数 pH は，$[H^+]=1.0\times10^{-n}$〔mol/L〕のときの n の値である。 答 **pH＝3**

(1) $[H^+]=1.0\times10^{-5}$ mol/L　pH＝________

(2) $[H^+]=1.0\times10^{-7}$ mol/L　pH＝________

(3) $[H^+]=1.0\times10^{-10}$ mol/L　pH＝________

(4) $[H^+]=1.0\times10^{-14}$ mol/L　pH＝________

 酸（塩基）の電離度は濃度によって異なり，酸（塩基）の濃度が小さいほど電離度は大きくなる。

4 次の水溶液の水素イオン指数 pH から，水溶液の水素イオン濃度$[H^+]$を求めなさい。

例 水素イオン指数 pH＝3 の水溶液

解法 pH＝n のとき，

$[H^+] = 1.0 \times 10^{-n}$〔mol/L〕

答 $[H^+] = $ **1.0×10^{-3} mol/L**

(1) pH＝7

$[H^+]$＝＿＿＿＿＿＿ mol/L

(2) pH＝12

$[H^+]$＝＿＿＿＿＿＿ mol/L

5 次の酸の水溶液の pH を求めなさい。

例 0.10 mol/L の酢酸水溶液（電離度 $\alpha = 0.010$）

解法 $[H^+] = 0.10\ \text{mol/L} \times 0.010 = 0.0010$

$= 1.0 \times 10^{-3}$ mol/L

答 **pH＝3**

(1) 0.010 mol/L 酢酸水溶液（電離度 $\alpha = 0.010$）

pH＝＿＿＿＿

(2) 0.10 mol/L の塩酸（電離度 $\alpha = 1.0$）

pH＝＿＿＿＿

(3) 0.00020 mol/L のギ酸水溶液（電離度 $\alpha = 0.050$）

pH＝＿＿＿＿

6 発展 次の塩基の水溶液の pH を，上記の水のイオン積 K_w を用いて求めなさい。

例 0.010 mol/L の水酸化ナトリウム水溶液（電離度 $\alpha = 1.0$）

解法 $[OH^-] = 0.010\ \text{mol/L} \times 1.0$

$= 0.010$ mol/L

$$[H^+] = \frac{K_w}{[OH^-]} = \frac{1.0 \times 10^{-14}}{0.010}$$

$= 1.0 \times 10^{-12}$ mol/L

答 **pH＝12**

(1) 1.0 mol/L の水酸化カリウム水溶液（電離度 $\alpha = 1.0$）

pH＝＿＿＿＿

(2) 0.10 mol/L のアンモニア水（電離度 $\alpha = 0.010$）

pH＝＿＿＿＿

(3) 2.0×10^{-4} mol/L のアンモニア水（電離度 $\alpha = 0.050$）

pH＝＿＿＿＿

7 次の水溶液をうすめたときの pH を求めなさい。

例 pH＝3 の塩酸を100倍にうすめた水溶液

解法 塩酸は強酸であり，100（＝10×10）倍にうすめるので，pH＝3＋2＝5

答 **pH＝5**

(1) pH＝1 の塩酸を 100 倍にうすめた水溶液

pH＝＿＿＿＿

(2) pH＝2 の硝酸を 1000 倍にうすめた水溶液

pH＝＿＿＿＿

(3) pH＝12 の水酸化ナトリウム水溶液を 100 倍にうすめた水溶液

pH＝＿＿＿＿

！ pH は単位ではない。したがって，2 pH とは書かない。

4 中和反応(1)

Check!

□ **中和反応**(ちゅうわはんのう)…酸の H^+ と塩基の OH^- が反応して，互いにその性質を打ち消し合い，H_2O を生じる反応。

例 $HCl + NaOH \longrightarrow NaCl + H_2O$
酸 ＋ 塩基 ⟶ 塩※ ＋ 水

※**塩**(えん)…中和反応によって生じる，H_2O 以外の物質（塩基の陽イオンと酸の陰イオンで生成）

□ 中和反応の量的関係

・酸と塩基が過不足なく中和するとき，次の量的関係が成り立つ。（酸・塩基の強さには無関係）

酸から生じる H^+ の物質量＝塩基から生じる OH^- の物質量

1 次の物質による中和反応の化学反応式を書きなさい。

例 塩化水素と水酸化ナトリウム

解法 塩化水素 HCl と水酸化ナトリウム NaOH は，次のように電離する。

$HCl \longrightarrow H^+ + Cl^-$
+) $NaOH \longrightarrow Na^+ + OH^-$

答 $HCl + NaOH \longrightarrow NaCl + H_2O$

(1) 硝酸と水酸化ナトリウム

(2) 塩化水素と水酸化カリウム

(3) 酢酸と水酸化ナトリウム

(4) 硫酸と水酸化ナトリウム

(5) 塩化水素と水酸化カルシウム

(6) シュウ酸と水酸化ナトリウム

 酸や塩基をつくる，陽イオンと陰イオンを確認しよう。

2 次の中和に必要な酸や塩基の物質量を，有効数字２桁で答えなさい。

例 0.20 mol の硫酸 H_2SO_4 を中和するのに必要な水酸化ナトリウム NaOH の物質量

解法 酸の出しうる H^+ の物質量と塩基の出しうる OH^- の物質量を考える。

H_2SO_4 は２価の酸，NaOH は１価の塩基である。NaOH の物質量を x〔mol〕とすると，出しうる H^+ の物質量＝OH^- の物質量より，$2\times0.20\ \text{mol}=1\times x$〔mol〕

よって，$x=0.40\ \text{mol}$

答 0.40 mol

(1) 0.30 mol の塩化水素 HCl を中和するのに必要な水酸化カルシウム $Ca(OH)_2$ の物質量

__________ mol

(2) 0.40 mol の水酸化ナトリウム NaOH を中和するのに必要なシュウ酸 $H_2C_2O_4$ の物質量

__________ mol

3 次の中和に必要な酸や塩基の質量や体積を，有効数字２桁で答えなさい。

例 0.50 mol の硝酸 HNO_3 と過不足なく中和する水酸化カリウム KOH の質量

解法 HNO_3 は１価の酸，KOH は１価の塩基である。KOH の式量は 56 であるから，x〔g〕の KOH の物質量は，$\dfrac{x\text{〔g〕}}{56\ \text{g/mol}}$ である。

出しうる H^+ の物質量＝OH^- の物質量より，$1\times0.50\ \text{mol}=1\times\dfrac{x\text{〔g〕}}{56\ \text{g/mol}}$

よって，$x=28\ \text{g}$

答 28 g

(1) 0.10 mol の水酸化ナトリウム NaOH と過不足なく中和する硫酸 H_2SO_4 の質量

__________ g

(2) 0.30 mol の塩化水素 HCl と過不足なく中和するアンモニア NH_3 の 0℃，1.013×10^5 Pa(標準状態)における体積

__________ L

5 中和反応(2)

Check!

□ 水溶液の中和反応における量的関係

・c〔mol/L〕の a 価の酸の水溶液 V〔mL〕と c'〔mol/L〕の b 価の塩基の水溶液 V'〔mL〕とが過不足なくちょうど中和するとき，次の関係が成り立つ。

$$\underbrace{a \times c〔\mathrm{mol/L}〕\times \frac{V}{1000}〔\mathrm{L}〕}_{\text{酸から生じる H}^+\text{の物質量(mol)}} = \underbrace{b \times c'〔\mathrm{mol/L}〕\times \frac{V'}{1000}〔\mathrm{L}〕}_{\text{塩基から生じる OH}^-\text{の物質量(mol)}} \quad (acV = bc'V')$$

□ **中和滴定**(ちゅうわてきてい)…中和反応の量的関係を利用し，酸や塩基の水溶液の濃度を求める操作のこと。

1 次の酸と塩基がちょうど中和したとき，下の問いに答えなさい。

例 **0.10 mol/L の硫酸 H_2SO_4 10 mL をちょうど中和するのに，水酸化カリウム KOH 水溶液が 8.0 mL 必要であった。KOH 水溶液のモル濃度を求めなさい。**

解法 H_2SO_4 は 2 価の酸，KOH は 1 価の塩基である。H_2SO_4 が出しうる H^+ の物質量と KOH が出しうる OH^- の物質量の関係から，KOH 水溶液のモル濃度を x〔mol/L〕とすると，

$$2 \times 0.10\ \mathrm{mol/L} \times \frac{10}{1000}\ \mathrm{L} = 1 \times x〔\mathrm{mol/L}〕\times \frac{8.0}{1000}\ \mathrm{L}$$

よって，$x = 0.25$ mol/L

答 **0.25 mol/L**

(1) 0.40 mol/L の塩酸 HCl 10 mL をちょうど中和するのに，水酸化カルシウム $Ca(OH)_2$ 水溶液が 12.5 mL 必要であった。この $Ca(OH)_2$ 水溶液のモル濃度を求めなさい。

mol/L

(2) 濃度がわからないシュウ酸 $H_2C_2O_4$ 水溶液 30 mL を中和するのに，0.20 mol/L の水酸化ナトリウム NaOH 水溶液が 15 mL 必要であった。この $H_2C_2O_4$ のモル濃度を求めなさい。

mol/L

(3) 0.20 mol/L の硫酸 H_2SO_4 15 mL をちょうど中和するのに，0.25 mol/L の水酸化ナトリウム NaOH 水溶液は何 mL 必要か求めなさい。

mL

$acV = bc'V'$ の式中にある 6 個の未知数のうち，5 個を問題中から探す。

(4) 0.20 mol/L の水酸化ナトリウム NaOH 水溶液 30 mL が，0.10 mol/L のある酸の水溶液 20 mL で中和した。この酸の価数を求めなさい。

価

(5) ある濃度の酢酸 CH_3COOH 水溶液を 10 倍にうすめた。このうすめた CH_3COOH 水溶液 10 mL を中和するのに 0.10mol/L の水酸化ナトリウム NaOH 水溶液が 7.0 mL 必要であった。うすめる前の CH_3COOH 水溶液の濃度は何 mol/L か求めなさい。

mol/L

2 次の酸と塩基がちょうど中和したとき，下の問いに答えなさい。

例 固体の水酸化ナトリウム NaOH 0.20 g を中和するのに必要な 0.50 mol/L の硫酸 H_2SO_4 は何 mL か。

解法 NaOH の式量は 40 であるから，NaOH 0.20g の物質量は $\frac{0.20}{40}$ mol である。H_2SO_4 が出しうる H^+ の物質量と NaOH が出しうる OH^- の物質量の関係から，中和に必要な H_2SO_4 を x〔mL〕とすると，

$$\underbrace{2\times0.50\ \mathrm{mol/L}\times\frac{x}{1000}\,〔\mathrm{L}〕}_{\text{酸から生じる }H^+\text{ の物質量}}=\underbrace{1\times\frac{0.20}{40}\ \mathrm{mol}}_{\text{塩基から生じる }OH^-\text{ の物質量}}$$

よって，x=5.0 mL

答 5.0 mL

(1) 0.30 mol/L の塩酸 HCl 200 mL を中和するのに必要な水酸化ナトリウム NaOH は何 g か。

g

(2) 0.80 mol/L の塩酸 HCl 50 mL に気体のアンモニア NH_3 を通して中和するときに必要な NH_3 は 0℃，1.013×10^5 Pa(標準状態)で何 mL か。

mL

出しうる H^+ や OH^- は，酸や塩基の電離度とは無関係である。

6 中和反応(3)

☑ Check!

□ **中和滴定**(ちゅうわてきてい)

中和反応の量的関係を利用し，酸や塩基の水溶液の濃度を求める操作のこと。

□ 中和滴定で使用する器具

◀ **コニカルビーカー** 酸と塩基を反応させる容器。三角フラスコなどでも代用可能

◀ **メスフラスコ** 一定濃度の溶液を調製する

◀ **ホールピペット** 一定体積の溶液を正確にはかり取る

◀ **ビュレット** 溶液を滴下し，その体積を正確にはかる

□ 中和滴定の操作(濃度のわからない酢酸水溶液を水酸化ナトリウム水溶液で滴定する場合)

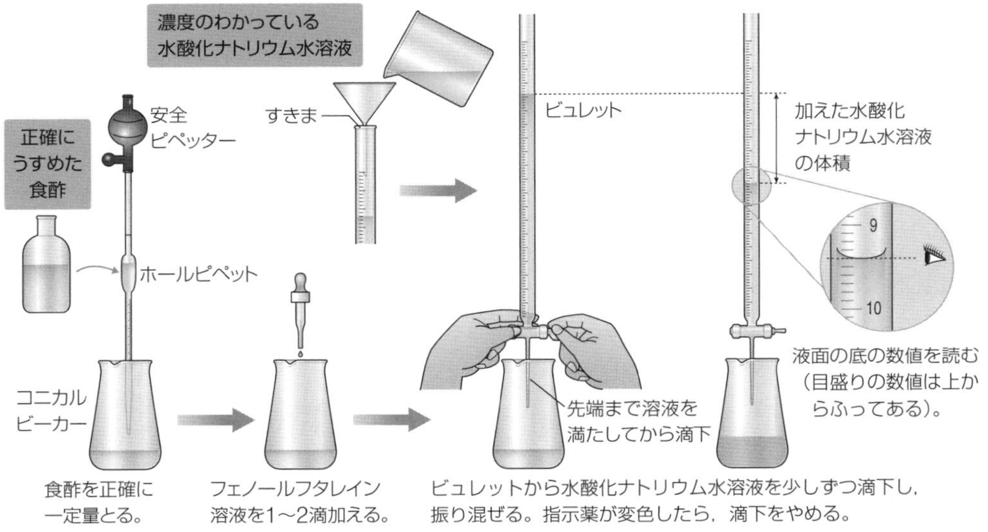

□ **滴定曲線**

中和滴定のとき，加えた酸または塩基の水溶液の体積と混合水溶液の pH の関係を示したグラフ

□ **pH 指示薬**

水溶液の pH によって特有の色を示す色素

・フェノールフタレイン(PP)：変色域 8.0～9.8

・メチルオレンジ(MO)：変色域 3.1～4.4

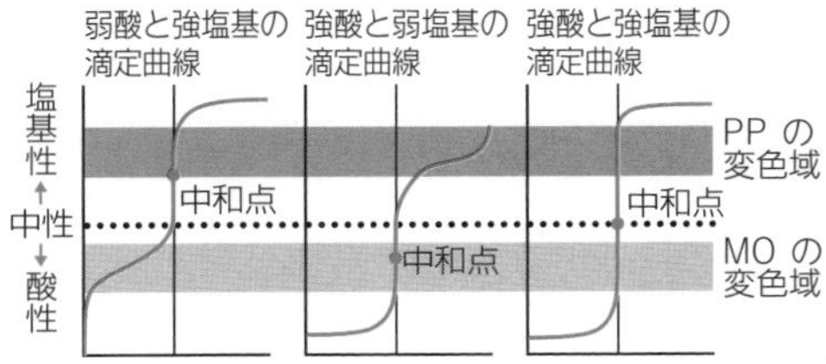

1 次の中和滴定に用いるガラス器具の名称を書きなさい。

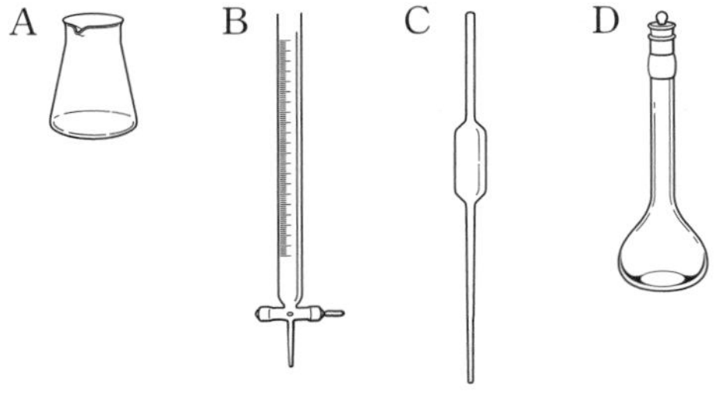

A. ______________ B. ______________

C. ______________ D. ______________

 中和滴定で用いる濃度が正確にわかっている酸または塩基の水溶液を標準溶液という。

2 中和に関わる次の操作に必要な器具の名称を答えなさい。

(1) 濃度のわからない酢酸水溶液を 10 倍に薄めるとき

＿＿＿＿＿＿＿＿を使って 10 mL をはかり取り＿＿＿＿＿＿＿＿に入れて標線まで水を加える。

(2) 酢酸水溶液を水酸化ナトリウム水溶液で滴定するとき

酢酸水溶液を＿＿＿＿＿＿＿＿に入れ，指示薬を加える。＿＿＿＿＿＿＿＿を用いて水酸化ナトリウム水溶液を滴下する。

3 次の(ア)~(エ)の図は，0.10 mol/L の酸あるいは 0.10 mol/L の塩基 10 mL を中和反応させたときの滴定曲線である。図の縦軸は pH，横軸は加えた酸・塩基の滴下量を示している。下の酸ー塩基の組み合わせで得られる滴定曲線を選びなさい。また，中和点での水溶液の性質は，酸性・中性・塩基性のうちどれを示すか答えなさい。

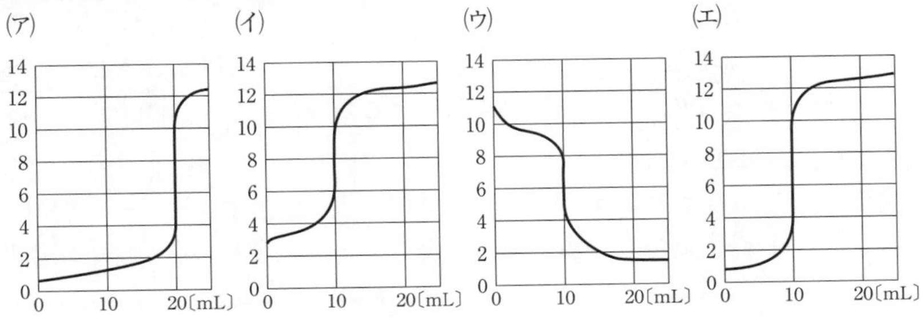

例 **HCl を NaOH で滴定**

解法 0.10 mol/L の塩酸 HCl の pH は 1 である。また，HCl，水酸化ナトリウム NaOH ともに 1 価であるから，同濃度の NaOH 水溶液で過不足なく中和するためには，同体積(10 mL)必要となる。以上のことから滴定曲線は，(エ)となる。また，HCl(強酸)，NaOH(強塩基)の中和で得られる塩(NaCl)の水溶液は中性を示す。

答 滴定曲線：(エ)　塩：**中性**

(1) CH_3COOH を NaOH で滴定

滴定曲線：＿＿＿＿＿＿　塩：＿＿＿＿＿＿

(2) NH_3 を HCl で滴定

滴定曲線：＿＿＿＿＿＿　塩：＿＿＿＿＿＿

(3) H_2SO_4 を NaOH で滴定

滴定曲線：＿＿＿＿＿＿　塩：＿＿＿＿＿＿

滴定曲線の形や中和点の pH から，酸・塩基の強弱の判断ができる。

7 中和反応(4)

Check!

□ **塩の分類**

酸性塩…化学式に酸の H を含む塩。例 $NaHSO_4$

正塩…化学式に酸の H も塩基の OH も含まない塩。例 NaCl

塩基性塩…化学式に塩基の OH を含む塩。例 MgCl(OH)

□ 正塩の水溶液の性質

元の酸と塩基に強さの違いがあると塩の水溶液は強い方の性質を示す

塩の構成	水溶液の性質	物質の例
強酸と強塩基	中性	NaCl, $Ca(NO_3)_2$, K_2SO_4
強酸と弱塩基	酸性	$FeCl_3$, $CuSO_4$, NH_4Cl
弱酸と強塩基	塩基性	CH_3COONa, Na_2CO_3
弱酸と弱塩基	種類によって異なる	CH_3COONH_4

□ 塩と酸・塩基の反応

〈弱酸の遊離〉　弱酸の塩　＋　強酸　→　強酸の塩　＋　弱酸

〈弱塩基の遊離〉　弱塩基の塩　＋　強塩基　→　強塩基の塩　＋　弱塩基

1 次の塩の化学式を書き，その塩が酸性塩・正塩・塩基性塩のどれに分類されるか答えなさい。

例 炭酸水素ナトリウム

解法 炭酸水素ナトリウムは $NaHCO_3$ であり，Na^+，H^+，CO_3^{2-} からできている。酸からのH（H^+）が含まれているので，これは酸性塩である。

答 化学式：$NaHCO_3$　分類：**酸性塩**

(1) 塩化ナトリウム

化学式：＿＿＿＿　性質：＿＿＿＿

(2) 酢酸ナトリウム

化学式：＿＿＿＿　性質：＿＿＿＿

(3) 塩化アンモニウム

化学式：＿＿＿＿　性質：＿＿＿＿

(4) 硫酸水素ナトリウム

化学式：＿＿＿＿　性質：＿＿＿＿

(5) 塩化水酸化マグネシウム

化学式：＿＿＿＿　性質：＿＿＿＿

(6) 塩化水酸化銅(II)

化学式：＿＿＿＿　性質：＿＿＿＿

(7) 塩化カルシウム

化学式：＿＿＿＿　性質：＿＿＿＿

(8) 炭酸ナトリウム

化学式：＿＿＿＿　性質：＿＿＿＿

 MgCl (OH)などの塩基性塩は OH を強調するために OH に(　)をつける

2 次の塩のもとになった酸と塩基の化学式を書きなさい。また，その水溶液の性質が酸性・塩基性・中性のどれになるかを答えなさい。

例　塩化ナトリウム

解法 塩化ナトリウム NaCl をつくる陰イオン(Cl^-)と H^+ の化合物が酸で HCl，陽イオン(Na^+)と OH^- の化合物が塩基 NaOH となる。
HCl は強酸，NaOH は強塩基なので，できた塩は中性となる。

答　酸：HCl，塩基：NaOH
性質：**中性**

(1) 塩化マグネシウム

酸：＿＿＿＿＿　塩基：＿＿＿＿＿

性質：＿＿＿＿＿

(2) 塩化カリウム

酸：＿＿＿＿＿　塩基：＿＿＿＿＿

性質：＿＿＿＿＿

(3) 硫酸ナトリウム

酸：＿＿＿＿＿　塩基：＿＿＿＿＿

性質：＿＿＿＿＿

(4) 酢酸ナトリウム

酸：＿＿＿＿＿　塩基：＿＿＿＿＿

性質：＿＿＿＿＿

(5) 塩化アンモニウム

酸：＿＿＿＿＿　塩基：＿＿＿＿＿

性質：＿＿＿＿＿

(6) 硝酸アンモニウム

酸：＿＿＿＿＿　塩基：＿＿＿＿＿

性質：＿＿＿＿＿

3 次の物質が反応したときの化学反応式を書きなさい。

例　酢酸ナトリウムと塩酸

解法 酢酸ナトリウムは，酢酸と水酸化ナトリウムからできる塩である。この塩は弱酸の塩なので，強酸の塩酸と反応して弱酸の酢酸を遊離する。

答　$CH_3COONa + HCl \rightarrow NaCl + CH_3COOH$

(1) 酢酸ナトリウムと希硫酸

＿＿＿＿＿＿＿＿＿＿＿＿＿＿＿

(2) 炭酸ナトリウムと塩酸

＿＿＿＿＿＿＿＿＿＿＿＿＿＿＿

(3) 塩化アンモニウムと水酸化ナトリウム水溶液

＿＿＿＿＿＿＿＿＿＿＿＿＿＿＿

アンモニアは水中で次のように電離する。$NH_3 + H_2O \longrightarrow NH_4^+ + OH^-$

8 酸化・還元(1)

☑ Check!

□ 酸化・還元の定義

	酸化される物質	還元される物質
酸　素	得る	失う
水　素	失う	得る
電　子	失う	得る
酸化数	増える	減る

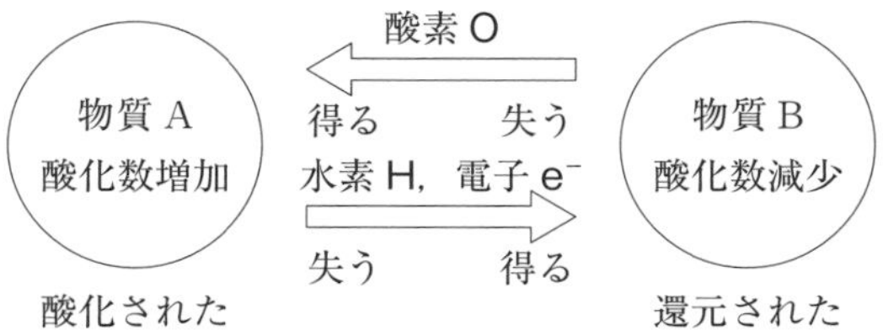

□ **酸化数**（さんかすう）…原子の酸化の度合いを示す値(原子に比べてどれだけ電子をもっているかを表す)。
- ・単体中の原子の酸化数は 0。
- ・化合物中の水素原子の酸化数は＋1，酸素原子は－2(H_2O_2 中の酸素原子は－1)。
- ・化合物を構成する原子の酸化数の総和が 0。
- ・イオンを構成する各原子の酸化数の総和がそのイオンの価数。

1 次の化学式中の下線部の原子の酸化数を書きなさい。

例 (1) **窒素** $\underline{N}_2$

解法 単体中の原子の酸化数は 0。

答 0

(2) **ナトリウムイオン** $\underline{Na}^+$

解法 単原子イオンの酸化数はイオンの価数に等しい。

答 ＋1

(3) **硫酸イオン** $\underline{S}O_4{}^{2-}$

解法 化合物中のOの酸化数は－2，$SO_4{}^{2-}$ の構成原子の酸化数の総和がイオンの価数に等しいから，S の酸化数を x とすると，

$x+(-2)\times 4=-2$　　$x=+6$

（(-2)：O の酸化数　-2：イオンの価数）

よって，S の酸化数は＋6 となる。

答 ＋6

(1) 銅　$\underline{Cu}$

＿＿＿＿＿＿

(2) 塩化水素　$H\underline{Cl}$

＿＿＿＿＿＿

(3) 硫化水素　$H_2\underline{S}$

＿＿＿＿＿＿

(4) アンモニア　$\underline{N}H_3$

＿＿＿＿＿＿

(5) 一酸化炭素　$\underline{C}O$

＿＿＿＿＿＿

(6) 二酸化炭素　$\underline{C}O_2$

＿＿＿＿＿＿

(7) アンモニウムイオン　$\underline{N}H_4{}^+$

＿＿＿＿＿＿

(8) 硝酸イオン　$\underline{N}O_3{}^-$

＿＿＿＿＿＿

(9) ヨウ化カリウム　$K\underline{I}$

＿＿＿＿＿＿

(10) 過マンガン酸カリウム　$K\underline{Mn}O_4$

＿＿＿＿＿＿

(11) 二クロム酸カリウム　$K_2\underline{Cr}_2O_7$

＿＿＿＿＿＿

 ☑ 酸化数には必ず正負の符号をつける。

2 次の反応式中の下線部の原子について，酸化数の変化を示し，「酸化された」または「還元された」のどちらかを書きなさい。

例 $\underline{Cu}O + H_2 \longrightarrow \underline{Cu} + H_2O$

解法 反応式中のすべての原子の酸化数は次のようになる。

$$\underset{+2}{\underline{Cu}}\underset{-2}{\underline{O}} + \underset{0}{\underline{H_2}} \longrightarrow \underset{0}{\underline{Cu}} + \underset{+1}{\underline{H_2}}\underset{-2}{\underline{O}}$$

Cu については，反応の前後で酸化数が減少していることから，還元されたことがわかる。

答　+2 から 0 で還元された

(1)　$\underline{Zn} + 2HCl \longrightarrow \underline{Zn}Cl_2 + H_2$

____

(2)　$2H\underline{I} \longrightarrow H_2 + \underline{I}_2$

____

(3)　$4HCl + \underline{Mn}O_2 \longrightarrow \underline{Mn}Cl_2 + 2H_2O + Cl_2$

____

3 次の反応で酸化された物質と還元された物質を化学式で書きなさい。

例 $H_2O_2 + H_2S \longrightarrow 2H_2O + S$

解法 反応式中のすべての原子の酸化数は次のようになる。

$$\underset{+1}{\underline{H_2}}\underset{-1}{\underline{O_2}} + \underset{+1}{\underline{H_2}}\underset{-2}{\underline{S}} \longrightarrow 2\underset{+1}{\underline{H_2}}\underset{-2}{\underline{O}} + \underset{0}{\underline{S}}$$

H_2O_2 中の O 原子の酸化数が−1 から−2 へと減少している。この O 原子を含む H_2O_2 が還元された物質となる。一方，H_2S 中の S 原子は−2 から 0 に増加していることから，この S 原子を含む H_2S が酸化された物質となる。

答　酸化された物質：H_2S　還元された物質：H_2O_2

(1)　$2Mg + CO_2 \longrightarrow 2MgO + C$

酸化された物質：______________　還元された物質：______________

(2)　$NH_3 + 2O_2 \longrightarrow HNO_3 + H_2O$

酸化された物質：______________　還元された物質：______________

(3)　$H_2O_2 + 2KI + H_2SO_4 \longrightarrow K_2SO_4 + 2H_2O + I_2$

酸化された物質：______________　還元された物質：______________

(4)　$SO_2 + Cl_2 + 2H_2O \longrightarrow H_2SO_4 + 2HCl$

酸化された物質：______________　還元された物質：______________

反応の前後で，酸化数が増加した原子を含む反応物中の物質が酸化された物質である。

9 酸化・還元(2)

☑Check!

□ **酸化剤**(さんかざい)…相手の物質を酸化する物質(酸化剤自身は還元される)。
□ **還元剤**(かんげんざい)…相手の物質を還元する物質(還元剤自身は酸化される)。

(還元剤) 物質A ⟶ 物質C
　　　　　　　e^-(電子)
(酸化剤) 物質B ⟶ 物質D

(化学反応式) 物質A＋物質B ⟶ 物質C＋物質D

(注) 放出する電子の量と受け取る電子の量は，等しくなる。

1 次の反応式において，波線部の物質は酸化剤・還元剤のどちらとしてはたらいているか書きなさい。

例 $\underset{+2}{CuO} + H_2 \longrightarrow \underset{0}{Cu} + H_2O$

答 酸化剤

(1) $2KI + Br_2 \longrightarrow 2KBr + I_2$

(2) $Mg + 2HCl \longrightarrow MgCl_2 + H_2$

(3) $SnCl_2 + 2HgCl_2 \longrightarrow Hg_2Cl_2 + SnCl_4$

(4) $MnO_2 + 4HCl \longrightarrow MnCl_2 + 2H_2O + Cl_2$

(5) $2H_2S + SO_2 \longrightarrow 3S + 2H_2O$

2 次の物質が酸性条件の水溶液中で酸化剤・還元剤としてはたらくときに起こる変化を，電子 e^- を含む反応式で書きなさい。

例 **二酸化硫黄 SO_2 が酸化剤としてはたらき，S になる。**

解法

① 酸化剤の変化を確認する。

$SO_2 \longrightarrow S$

② 酸化数の変化から，やりとりした電子を書く。

$\underset{+4}{SO_2} + 4e^- \longrightarrow \underset{0}{S}$

③ 両辺の電荷をそろえる(両辺の電荷を確認し，少ないほうへ H^+ を加える)。

$SO_2 + 4H^+ + 4e^- \longrightarrow S$

④ 両辺の原子数をそろえる(原子の数が等しくなるように，H_2O を加える)。

$SO_2 + 4H^+ + 4e^- \longrightarrow S + 2H_2O$

答 $SO_2 + 4H^+ + 4e^- \longrightarrow S + 2H_2O$

 金属単体は，還元剤としてはたらく。

(1) 過酸化水素 H_2O_2 が酸化剤としてはたらき，H_2O になる。

(2) 硫酸酸性の過マンガン酸カリウムが酸化剤としてはたらき，MnO_4^- が Mn^{2+} になる。

(3) 塩素 Cl_2 が酸化剤としてはたらき，Cl^- になる。

(4) 過酸化水素 H_2O_2 が還元剤としてはたらき，O_2 になる。

(5) 硫化水素 H_2S が還元剤としてはたらき，S になる。

(6) 二酸化硫黄 SO_2 が還元剤としてはたらき，SO_4^{2-} になる。

(7) ヨウ化カリウム KI が還元剤としてはたらき，I^- が I_2 になる。

電子 e^- を含む反応式では，反応物と生成物の原子の数，電荷，酸化数の変化と電子の数の和が等しくなる。

10 酸化・還元(3)

1 次の酸化還元反応をイオン反応式または化学反応式で書きなさい。なお，必要があれば，酸化剤・還元剤の電子 e^- を含む反応式は P.20～21 を参照せよ。

例 **硫酸酸性のヨウ化カリウム水溶液に過酸化水素水を加える。**

解法 過酸化水素 H_2O_2 は酸性水溶液中で酸化剤としてはたらき，ヨウ化カリウム KI 中のヨウ化物イオン I^- は還元剤としてはたらく。それぞれのイオン反応式は次のようになる。

$H_2O_2 + 2H^+ + 2e^- \longrightarrow 2H_2O$ …①

$2I^- \longrightarrow I_2 + 2e^-$ …②

①＋②より，e^- を消去すると，

$H_2O_2 + 2H^+ + 2I^- \longrightarrow 2H_2O + I_2$

答 $H_2O_2 + 2H^+ + 2I^- \longrightarrow 2H_2O + I_2$

(1) ヨウ化カリウム水溶液に塩素を吹き込む。(酸化剤：塩素，還元剤：ヨウ化カリウム(I^-))

(2) 二酸化硫黄の溶けた水溶液に塩素を吹き込む。(酸化剤：塩素，還元剤：二酸化硫黄)

(3) 硫化水素水に二酸化硫黄を吹き込む。(酸化剤：二酸化硫黄，還元剤：硫化水素水)

(4) 硫酸酸性の過マンガン酸カリウム水溶液に過酸化水素水を加える。
(酸化剤：過マンガン酸カリウム(MnO_4^-)，還元剤：過酸化水素水)

 反応にかかわらないイオンを除いて表した反応式をイオン反応式といい，化学反応式と同じになることがある。

2 次の問いに答えなさい。

例 **硫酸酸性のヨウ化カリウム KI 水溶液に過酸化水素水 H_2O_2 を加えると，次のように反応する。**

$$2KI + H_2O_2 + H_2SO_4 \longrightarrow I_2 + 2H_2O + K_2SO_4$$

濃度がわからない KI 水溶液 20 mL を酸化するのに，0.10 mol/L の H_2O_2 が 30 mL 必要であった。この KI 水溶液のモル濃度を求めなさい。

解法 化学反応式より，反応する KI と H_2O_2 の物質量の比は 2：1 であることがわかる。
KI 水溶液のモル濃度を x〔mol/L〕とすると，それぞれの水溶液に含まれる KI と H_2O_2 の物質量の比から，次の式が成り立つ。

$$\underbrace{x\,[\mathrm{mol/L}] \times \frac{20}{1000}\,\mathrm{L}}_{\text{KI の物質量}} : \underbrace{0.10\,\mathrm{mol/L} \times \frac{30}{1000}\,\mathrm{L}}_{H_2O_2\text{ の物質量}} = 2 : 1 \quad x = 0.30\,\mathrm{mol/L}$$

答 **0.30 mol/L**

(1) 二酸化硫黄 SO_2 水溶液に硫化水素 H_2S 水溶液を加えると，次のように反応する。

$$SO_2 + 2H_2S \longrightarrow 3S + 2H_2O$$

濃度がわからない SO_2 水溶液 10 mL を還元するのに，1.0×10^{-2} mol/L の H_2S 水溶液が 50 mL 必要であった。この SO_2 水溶液のモル濃度を求めなさい。

______ mol/L

3 次の問いに答えなさい。

例 **硫酸酸性の水溶液中で，過マンガン酸イオン MnO_4^- と鉄(Ⅱ)イオン Fe^{2+} はそれぞれ酸化剤，還元剤として次の式のようにはたらく。**

$$MnO_4^- + 8H^+ + 5e^- \longrightarrow Mn^{2+} + 4H_2O \quad \cdots①\qquad Fe^{2+} \longrightarrow Fe^{3+} + e^- \quad \cdots②$$

0.10 mol/L の硫酸鉄(Ⅱ) $FeSO_4$ 水溶液 20 mL とちょうど反応する 0.050 mol/L の硫酸酸性の過マンガン酸カリウム $KMnO_4$ 水溶液の体積は何 mL か求めなさい。

解法 酸化剤(MnO_4^-)が受け取る e^- の物質量＝還元剤(Fe^{2+})が与える e^- の物質量を考える。
MnO_4^- は 1 mol あたり 5 mol の e^- を受け取り，Fe^{2+} は 1 mol あたり 1 mol の e^- を与える。
反応に必要な $KMnO_4$ 水溶液の体積を x〔mL〕とすると，次の式が成り立つ。

$$0.050\,\mathrm{mol/L} \times \frac{x}{1000}\,\mathrm{L} \times 5 = 0.10\,\mathrm{mol/L} \times \frac{20}{1000}\,\mathrm{L} \times 1 \quad x = 8.0\,\mathrm{mL}$$

答 **8.0 mL**

(1) 濃度がわからない硫酸酸性の過マンガン酸カリウム $KMnO_4$ 水溶液 20 mL と 5.0×10^{-2} mol/L の過酸化水素 H_2O_2 水 10 mL がちょうど反応した。次のイオン反応式を用いて，$KMnO_4$ 水溶液のモル濃度を求めなさい。

$$MnO_4^- + 8H^+ + 5e^- \longrightarrow Mn^{2+} + 4H_2O \quad \cdots①\qquad H_2O_2 \longrightarrow O_2 + 2H^+ + 2e^- \quad \cdots②$$

______ mol/L

☑ 酸化還元反応における量的関係では，「還元剤の与える電子の物質量＝酸化剤が受け取る電子の物質量」が成り立つ。

11 金属のイオン化傾向

Check!

□ **金属のイオン化傾向**

金属が，水溶液中で陽イオンになる傾向のこと。

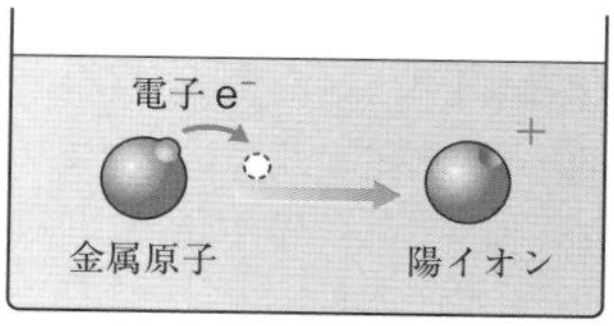

例：$Ag \longrightarrow Ag^{+} + e^{-}$

金属と金属イオンの反応

①銅(Ⅱ)イオンを含む溶液に亜鉛板を入れる

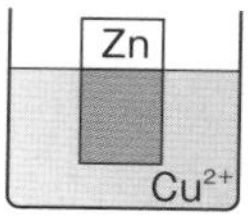

銅が析出する

②亜鉛イオンを含む溶液に銅板を入れる

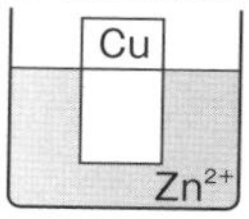

変化なし

□ **金属のイオン化列**

金属をイオン化傾向の大きい順に並べたもの。

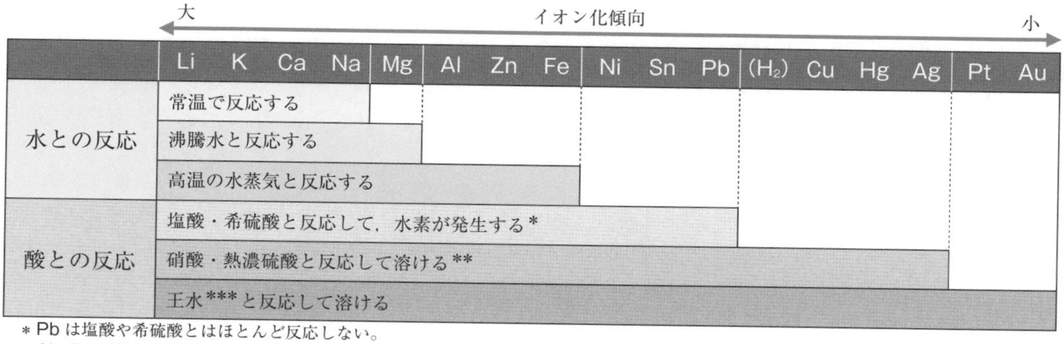

大
イオン化傾向
小
Li K Ca Na Mg Al Zn Fe Ni Sn Pb (H₂) Cu Hg Ag Pt Au
水との反応
常温で反応する
沸騰水と反応する
高温の水蒸気と反応する
酸との反応
塩酸・希硫酸と反応して，水素が発生する＊
硝酸・熱濃硫酸と反応して溶ける＊＊
王水＊＊＊と反応して溶ける

＊ Pb は塩酸や希硫酸とはほとんど反応しない。

＊＊ Al，Fe，Ni などは濃硝酸とはほとんど反応しない。

＊＊＊ 濃硝酸と濃塩酸を体積比 1 ： 3 の割合で混合した溶液で，酸化力がきわめて強い。

金属のイオン化傾向の大小によって，空気・水・酸に対する金属の反応性は異なる。

1 次の記述にあてはまる金属を(　)内に示した数だけ答えなさい。ただし，元素は次の語群の中から選ぶものとする。

＜語群＞　Au，Ag，Al，Cu，Fe，Na，Ni，Sn，Zn

例　常温の水と反応して溶ける金属(1)

解法 イオン化傾向の大きい Li，K，Ca，Na は常温の水と反応し，水素が発生する。

答 Na

(1) 常温の水とは反応しないが，高温の水蒸気と反応して溶ける。(3)

(2) 希塩酸や希硫酸と反応して溶ける。(6)

(3) 酸化作用の強い酸のみに反応して溶ける。(2)

(4) 王水のみに反応して溶ける。(1)

(5) 石油中に保存しておかなければならない。(1)

 イオン化傾向の大きい金属ほど陽イオンになりやすいので，反応性は高くなる。

2 次の組み合わせで起こる変化を化学反応式で書き，変化がない場合は×を書きなさい。

例 **硫酸銅(Ⅱ)水溶液に亜鉛**

解法 イオン化傾向の大きさはZn＞Cuである。したがって，Cu^{2+}を含む水溶液にZnを入れたとき，Znの表面に銅が析出する。

答 $Zn + CuSO_4 \longrightarrow ZnSO_4 + Cu$

(1) 硝酸銀水溶液に亜鉛

(2) 硝酸銀水溶液に銅

(3) 硫酸銅(Ⅱ)水溶液に鉄

(4) 塩化スズ(Ⅱ)水溶液に亜鉛

(5) 硫酸亜鉛水溶液に銅

(6) 硝酸銀水溶液に鉛

3 次の問いに答えなさい。

(1) 5種類の金属A，B，C，D，Eがある。次の①～③の記述から，A～Eのイオン化傾向の大小を求めなさい。

① Bのみ常温の水と反応する。Cは高温の水蒸気とならば反応する。
② A，Dだけが希塩酸と反応しない。また，Aは王水にだけ溶ける。
③ Eのイオンを含む溶液にCを入れると，Cは溶けてイオンになり，Eが析出する。

イオン化傾向(大)(　　　＞　　　＞　　　＞　　　＞　　　)イオン化傾向(小)

(2) ①～④の実験結果から，A～EはそれぞれAg，Zn，Ca，Au，Feのどの金属か推定しなさい。

① A～Eをそれぞれ水に入れると，Bだけが反応した。
② A～Eをそれぞれ希塩酸に入れると，DとEは反応しなかった。
③ A～Eをそれぞれ希硝酸に入れると，Dだけは反応しなかった。
④ Cのイオンを含む水溶液にAを入れると，Aの表面にCが析出した。

A：＿＿＿＿　B：＿＿＿＿　C：＿＿＿＿　D：＿＿＿＿　E：＿＿＿＿

イオン化エネルギーは，気体の状態の原子から電子を取り去るときのエネルギーで，イオン化傾向とは異なるものである。

12 電池

Check!

□ **電池（化学電池）**

酸化還元反応で移動する電子を，電気エネルギーとして取り出せるようにした装置。

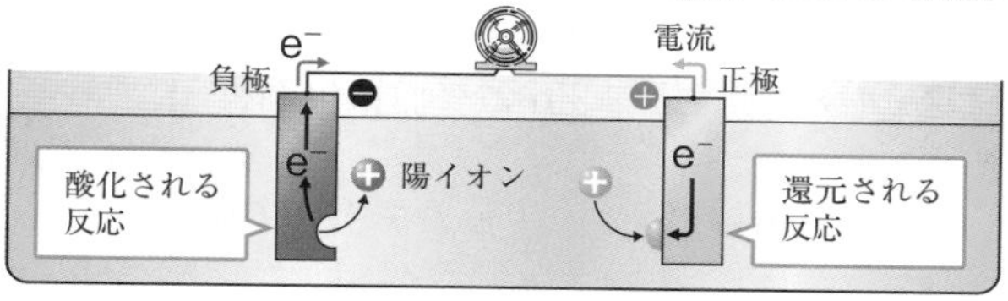

□ さまざまな電池

ダニエル電池（起電力約 1.1 V）
(−)Zn | $ZnSO_4$aq | $CuSO_4$aq | Cu(+)（電池式）

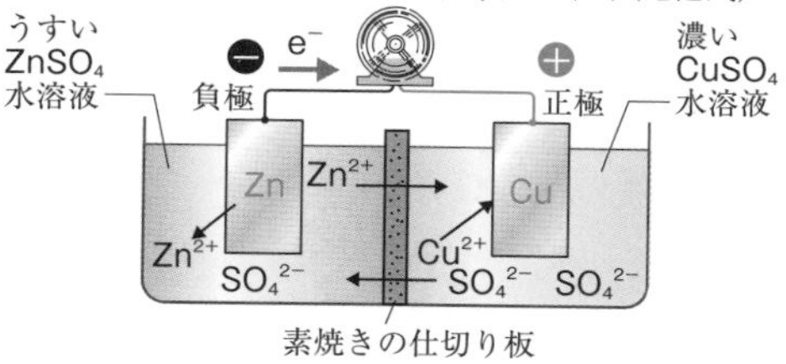

$$Zn + Cu^{2+} \longrightarrow Zn^{2+} + Cu$$

鉛蓄電池（約 2.1 V）
(−)Pb | H_2SO_4aq | PbO_2(+)（電池式）

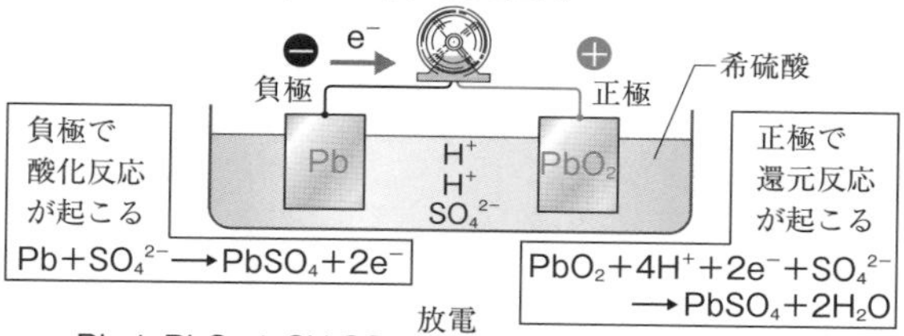

$$\underset{（負極）}{Pb} + \underset{（正極）}{PbO_2} + 2H_2SO_4 \underset{充電}{\overset{放電}{\rightleftarrows}} 2PbSO_4 + 2H_2O$$

1 2種類の金属板を電解質溶液に浸して電池をつくったとき，正極・負極になるものを答えなさい。

> **例 亜鉛板と銅板**
> **解法** イオン化列の左側にある金属ほど，イオン化傾向が大きく，電池の負極になる。
> **答** 正極：**銅板**　負極：**亜鉛板**

(1) 銀板と鉄板

正極：　　　　負極：

(2) 亜鉛板と白金板

正極：　　　　負極：

(3) マグネシウム板と銅板

正極：　　　　負極：

(4) 鉄板と鉛板

正極：　　　　負極：

(5) 鉄板と銅板

正極：　　　　負極：

2 次の電池の構成から，実用電池の名称を書きなさい。

	電池	負極	電解質	正極	起電力
(1)		Zn	$ZnCl_2$，NH_4Cl	MnO_2	1.5 V
(2)		Zn	KOH	MnO_2	1.5 V
(3)		Pb	H_2SO_4	PbO_2	2.1 V
(4)		C_6Li	有機電解質	$LiCoO_2$	3.6 V
(5)		H_2	H_3PO_4	O_2	1.2 V

金属のイオン化列…Li，K，Ca，Na，Mg，Al，Zn，Fe，Ni，Sn，Pb，(H_2)，Cu，Hg，Ag，Pt，Au

3 発展 次の代表的な電池の正極，負極での反応，および全体での反応を書きなさい。

例 **ボルタ電池**　(−)Zn | H_2SO_4aq | Cu(+)

電極	負極	正極
電極の組成	Zn	Cu
電極での反応	$Zn \longrightarrow Zn^{2+} + 2e^-$	$2H^+ + 2e^- \longrightarrow H_2$
全体での反応	$Zn + 2H^+ \longrightarrow Zn^{2+} + H_2$	

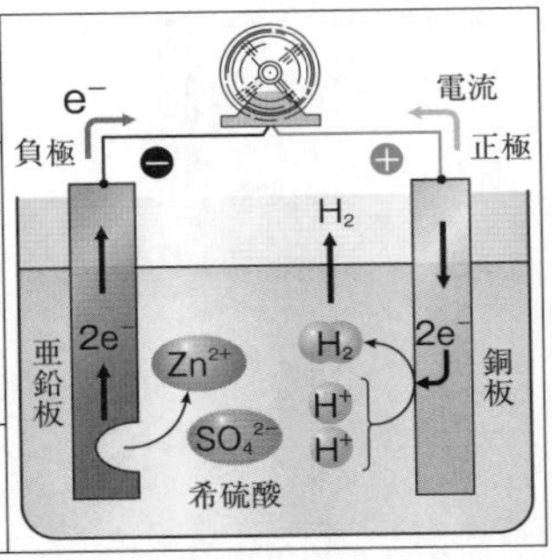

解法 負極では酸化反応が起こり，電子を放出する。正極では電子を受け取り，還元反応が起こる。

(1)　ダニエル電池　(−)Zn | $ZnSO_4$aq | $CuSO_4$aq | Cu(+)

電極	負極	正極
電極の組成	Zn	Cu
電極での反応		
全体での反応		

(2)　鉛蓄電池　(−)Pb | H_2SO_4aq | PbO_2(+)

電極	負極	正極
電極の組成	Pb	PbO_2
電極での反応		
全体での反応		

(3)　燃料電池(リン酸形)　(−)H_2 | H_3PO_4aq | O_2(+)

電極	負極	正極
電極の組成	H_2	O_2
電極での反応		
全体での反応		

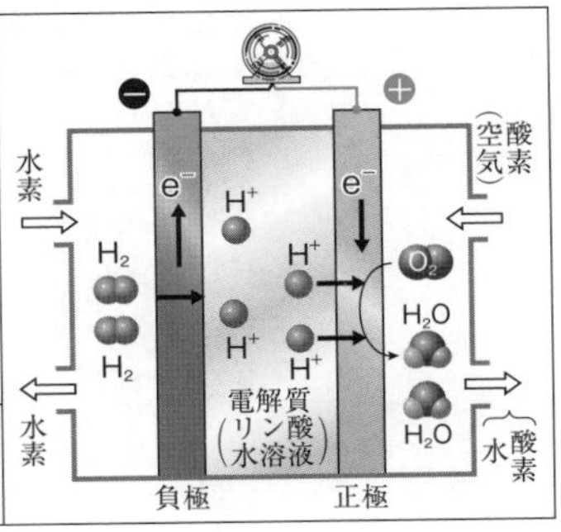

電池は，酸化反応と還元反応を別の場所で行わせ，移動する電子から電気エネルギーを取り出す装置である。

13 発展 電気分解

☑ Check!

□ 電気分解の原理

塩化銅(Ⅱ)溶液の電気分解

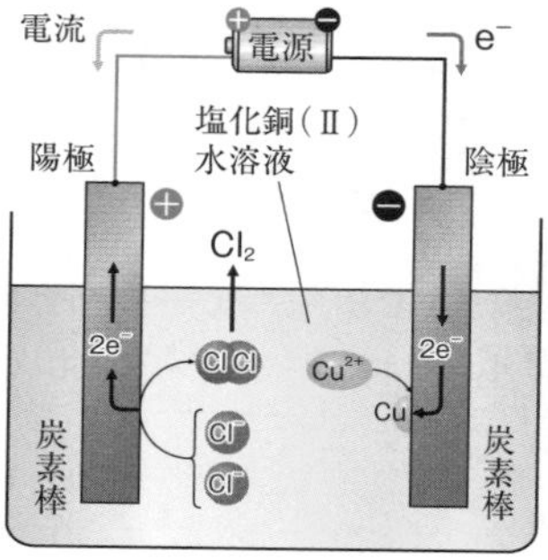

陽極(ようきょく)…電源の正極につないだ電極。
陰極(いんきょく)…電源の負極につないだ電極。

□ 電極での反応

陰極…陽イオンが電子を受け取る
(**還元反応**)。

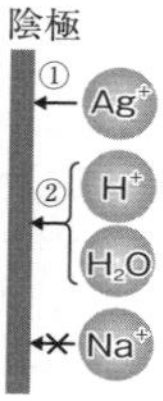

・イオン化傾向が
H より小さい金属イオン
→ 金属単体が析出する。
$Ag^+ + e^- \longrightarrow Ag$ など
・イオン化傾向が
H より大きい金属イオン
→ 金属は析出せず,
水素 H_2 が発生。

$2H^+ + 2e^- \longrightarrow H_2$ (酸性)
$2H_2O + 2e^- \longrightarrow H_2 + 2OH^-$(中性・塩基性)

陽極…陰イオンが電子を失う
(**酸化反応**)。

※銅(銀)電極の場合,
電極がイオンとなって溶ける。

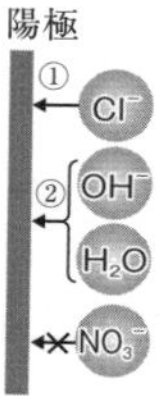

・ハロゲン(Cl, Br, I)化物イオン
を含む。
→ ハロゲン(Cl, Br, I)単体が
析出する。
$2Cl^- \longrightarrow Cl_2 + 2e^-$ など
・ハロゲン化物イオンを含まない。
→ 陰イオンは酸化されず,
酸素 O_2 が発生。

$2H_2O \longrightarrow O_2 + 4H^+ + 4e^-$ (酸性・中性)
$4OH^- \longrightarrow O_2 + 2H_2O + 4e^-$(塩基性)

1 次の水溶液を炭素電極を用いて電気分解したときに生成する単体を,化学式で書きなさい。

例 塩化銅(Ⅱ)水溶液

解法 $CuCl_2 \longrightarrow Cu^{2+} + 2Cl^-$ より,水溶液中には,Cu^{2+} と Cl^- が存在する。それぞれの電極では次の反応が起こる。

陽極:$2Cl^- \longrightarrow Cl_2 + 2e^-$
陰極:$Cu^{2+} + 2e^- \longrightarrow Cu$

答 陽極:Cl_2 陰極:Cu

(1) 硝酸銀水溶液

陽極:＿＿＿＿ 陰極:＿＿＿＿

(2) 水酸化ナトリウム水溶液

陽極:＿＿＿＿ 陰極:＿＿＿＿

(3) 硫酸銅(Ⅱ)水溶液

陽極:＿＿＿＿ 陰極:＿＿＿＿

(4) ヨウ化カリウム水溶液

陽極:＿＿＿＿ 陰極:＿＿＿＿

(5) 硫酸ナトリウム水溶液

陽極:＿＿＿＿ 陰極:＿＿＿＿

 物質を電気分解すると,必ず単体が生成する。

2 次の水溶液を電気分解したときの各電極の変化を，e^- を含むイオン反応式で書きなさい。なお，( )は電極に用いた物質を表している。

例 **水酸化ナトリウム水溶液(白金 Pt)**
答 陽極(Pt)：$4OH^- \longrightarrow O_2 + 2H_2O + 4e^-$ 陰極(Pt)：$2H_2O + 2e^- \longrightarrow H_2 + 2OH^-$

(1) 硫酸(白金 Pt)

陽極(Pt)：＿＿＿＿ 陰極(Pt)：＿＿＿＿

(2) 硫酸銅(Ⅱ)水溶液(白金 Pt)

陽極(Pt)：＿＿＿＿ 陰極(Pt)：＿＿＿＿

(3) 硫酸銅(Ⅱ)水溶液(銅 Cu)

陽極(Cu)：＿＿＿＿ 陰極(Cu)：＿＿＿＿

(4) 塩化ナトリウム水溶液(陽極炭素 C，陰極鉄 Fe)

陽極(C)：＿＿＿＿ 陰極(Fe)：＿＿＿＿

(5) 硝酸銀水溶液(白金 Pt)

陽極(Pt)：＿＿＿＿ 陰極(Pt)：＿＿＿＿

(6) 硝酸銀水溶液(銀 Ag)

陽極(Ag)：＿＿＿＿ 陰極(Ag)：＿＿＿＿

(7) 塩化銅(Ⅱ)水溶液(炭素 C)

陽極(C)：＿＿＿＿ 陰極(C)：＿＿＿＿

(8) ヨウ化カリウム水溶液(炭素 C)

陽極(C)：＿＿＿＿ 陰極(C)：＿＿＿＿

(9) 塩化カリウム水溶液(炭素 C)

陽極(C)：＿＿＿＿ 陰極(C)：＿＿＿＿

イオンや生成する単体への変化を P.20**2**にならって書けばよい。

周期表ドリル

1 次の表の空欄をうめ，周期表を完成させなさい。

周期＼族	1	2	3	4	5	6	7	8	9	10	11	12	13	14	15	16	17	18
1																		
2																		
3																		
4			Sc	Ti	V	Cr	Mn		Co				Ga	Ge	As	Se		
			スカンジウム		バナジウム			鉄		ニッケル	銅	亜鉛	ガリウム	ゲルマニウム	ヒ素	セレン	臭素	クリプトン
5	Rb	Sr	Y	Zr	Nb	Mo	Tc	Ru	Rh	Pd			In	Sn	Sb	Te	I	
			イットリウム	ジルコニウム	ニオブ	モリブデン	テクネチウム	ルテニウム	ロジウム	パラジウム	銀	カドミウム	インジウム		アンチモン	テルル		キセノン
6	Cs	Ba	La-Lu	Hf	Ta	W	Re	Os	Ir				Tl	Pb	Bi	Po	At	Rn
			ランタノイド	ハフニウム	タンタル	タングステン	レニウム	オスミウム	イリジウム	白金	金	水銀	タリウム		ビスマス	ポロニウム	アスタチン	
7	Fr	Ra	Ac-Lr	Rf	Db	Sg	Bh	Hs	Mt	Ds	Rg	Cn	Nh	Fl	Mc	Lv	Ts	Og
			アクチノイド	ラザホージウム	ドブニウム	シーボーギウム	ボーリウム	ハッシウム	マイトネリウム	ダームスタチウム	レントゲニウム	コペルニシウム		フレロビウム	モスコビウム	リバモリウム	テネシン	オガネソン

2 次の表の空欄をうめ，周期表を完成させなさい。

周期＼族	1	2	3	4	5	6	7	8	9	10	11	12	13	14	15	16	17	18
1																		
2																		
3																		
4			Sc		V			Fe		Ni	Cu	Zn	Ga	Ge	As	Se	Br	Kr
			スカンジウム	チタン	バナジウム	クロム	マンガン		コバルト				ガリウム	ゲルマニウム	ヒ素	セレン		
5			Y	Zr	Nb	Mo	Tc	Ru	Rh	Pd	Ag	Cd	In		Sb	Te		Xe
	ルビジウム	ストロンチウム	イットリウム	ジルコニウム	ニオブ	モリブデン	テクネチウム	ルテニウム	ロジウム	パラジウム			インジウム	スズ	アンチモン	テルル	ヨウ素	
6			La-Lu	Hf	Ta	W	Re	Os	Ir	Pt	Au	Hg	Tl		Bi	Po	At	
	セシウム	バリウム	ランタノイド	ハフニウム	タンタル	タングステン	レニウム	オスミウム	イリジウム				タリウム	鉛	ビスマス	ポロニウム	アスタチン	ラドン
7			Ac-Lr	Rf	Db	Sg	Bh	Hs	Mt	Ds	Rg	Cn		Fl	Mc	Lv	Ts	Og
	フランシウム	ラジウム	アクチノイド	ラザホージウム	ドブニウム	シーボーギウム	ボーリウム	ハッシウム	マイトネリウム	ダームスタチウム	レントゲニウム	コペルニシウム	ニホニウム	フレロビウム	モスコビウム	リバモリウム	テネシン	オガネソン

検印欄

／	／	／	／	／	／
／	／	／	／	／	／
／	／	／	／	／	／
／	／	／	／	／	／
／	／	／	／	／	／
／	／	／	／	／	／
／	／	／	／	／	／

年　　組　　番 名前

リピート＆チャージ化学基礎ドリル
酸と塩基／酸化還元反応

解答編

実教出版

24(02)

モル濃度の復習

1 次の溶液のモル濃度を，有効数字２桁で答えなさい。

例 硫酸 H_2SO_4 0.50 mol を水に溶かして，200 mL とした溶液

解法 溶液 200 mL＝0.200 L より，

$\frac{0.50\ mol}{0.200\ L}=2.5\ mol/L$　　答 2.5 mol/L

(1) 水酸化ナトリウム NaOH 1.0 mol を水に溶かして，2.0 L とした溶液

$\frac{1.0\ mol}{2.0\ L}=0.50\ mol/L$

0.50 mol/L

(2) 塩化カルシウム $CaCl_2$ 6.0 mol を水に溶かして，4.0 L とした溶液

$\frac{6.0\ mol}{4.0\ L}=1.5\ mol/L$

1.5 mol/L

(3) エタノール C_2H_5OH 0.50 mol を水に溶かして，100 mL とした溶液

溶液 100 mL＝0.100 L より，

$\frac{0.50\ mol}{0.100\ L}=5.0\ mol/L$

5.0 mol/L

(4) 酢酸 CH_3COOH 0.25 mol を水に溶かして，500 mL とした溶液

溶液 500 mL＝0.500 L より，

$\frac{0.25\ mol}{0.500\ L}=0.50\ mol/L$

0.50 mol/L

(5) グルコース $C_6H_{12}O_6$ 0.010 mol を水に溶かして，50 mL とした溶液

溶液 50 mL＝0.050 L より，

$\frac{0.010\ mol}{0.050\ L}=0.20\ mol/L$

0.20 mol/L

2 次の溶液のモル濃度を，有効数字２桁で答えなさい。

例 硫酸 H_2SO_4 49 g を水に溶かして，200 mL とした溶液

解法 H_2SO_4 の物質量は，

$\frac{49\ g}{98\ g/mol}=0.50\ mol$

溶液 200 mL＝0.200 L より，

$\frac{0.50\ mol}{0.200\ L}=2.5\ mol/L$　　答 2.5 mol/L

(1) 水酸化ナトリウム NaOH 40 g を水に溶かして，2.0 L とした溶液

NaOH の物質量は，$\frac{40\ g}{40\ g/mol}=1.0\ mol$

$\frac{1.0\ mol}{2.0\ L}=0.50\ mol/L$　　0.50 mol/L

(2) 塩化カルシウム $CaCl_2$ 666 g を水に溶かして，4.0 L とした溶液

$CaCl_2$ の物質量は，$\frac{666\ g}{111\ g/mol}=6.00\ mol$

$\frac{6.00\ mol}{4.0\ L}=1.5\ mol/L$　　1.5 mol/L

(3) エタノール C_2H_5OH 23 g を水に溶かして，100 mL とした溶液

C_2H_5OH の物質量は，$\frac{23\ g}{46\ g/mol}=0.50\ mol$

溶液 100 mL＝0.100 L より，

$\frac{0.50\ mol}{0.100\ L}=5.0\ mol/L$　　5.0 mol/L

(4) 酢酸 CH_3COOH 15 g を水に溶かして，500 mL とした溶液

CH_3COOH の物質量は，$\frac{15\ g}{60\ g/mol}=0.25\ mol$

溶液 500 mL＝0.500 L より，

$\frac{0.25\ mol}{0.500\ L}=0.50\ mol/L$　　0.50 mol/L

(5) グルコース $C_6H_{12}O_6$ 1.8 g を水に溶かして，50 mL とした溶液

$C_6H_{12}O_6$ の物質量は，$\frac{1.8\ g}{180\ g/mol}=0.010\ mol$

溶液 50 mL＝0.050 L より，

$\frac{0.010\ mol}{0.050\ L}=0.20\ mol/L$　　0.20 mol/L

3 次の溶液に含まれる物質の物質量を，有効数字２桁で答えなさい。

例 2.0 mol/L 硫酸 100 mL に含まれる，硫酸 H_2SO_4 の物質量

解法 $2.0\ mol/L\times\frac{100}{1000}\ L=0.20\ mol$

答 0.20 mol

(1) 1.0 mol/L 食塩水 200 mL に含まれる，塩化ナトリウム NaCl の物質量

$1.0\ mol/L\times\frac{200}{1000}\ L=0.20\ mol$

0.20 mol

(2) 6.0 mol/L アンモニア水 500 mL に含まれる，アンモニア NH_3 の物質量

$6.0\ mol/L\times\frac{500}{1000}\ L=3.0\ mol$

3.0 mol

(3) 0.10 mol/L の水酸化ナトリウム水溶液 20 mL に含まれる，水酸化ナトリウム NaOH の物質量

$0.10\ mol/L\times\frac{20}{1000}\ L=2.0\times10^{-3}\ mol$

2.0×10^{-3} mol

(4) 0.20 mol/L の酢酸水溶液 50 mL に含まれる，酢酸 CH_3COOH の物質量

$0.20\ mol/L\times\frac{50}{1000}\ L=1.0\times10^{-2}\ mol$

1.0×10^{-2} mol

(5) 1.0×10^{-2} mol/L のグルコース水溶液 40 mL に含まれる，グルコース $C_6H_{12}O_6$ の物質量

$1.0\times10^{-2}\ mol/L\times\frac{40}{1000}\ L=4.0\times10^{-4}\ mol$

4.0×10^{-4} mol

4 次の指定された溶液をつくるのに必要な溶質の質量を，有効数字２桁で答えなさい。

例 2.0 mol/L 硫酸 100 mL をつくるのに必要な，硫酸 H_2SO_4 の質量

解法 $2.0\ mol/L\times\frac{100}{1000}\ L\times98\ g/mol$

20
＝19.6 g

答 20 g

(1) 1.0 mol/L 食塩水 200mL をつくるのに必要な，塩化ナトリウム NaCl の質量

$1.0\ mol/L\times\frac{200}{1000}\ L\times58.5\ g/mol$

2
＝11.7≒12 g

12 g

(2) 6.0 mol/L アンモニア水 500 mL をつくるのに必要な，アンモニア NH_3 の質量

$6.0\ mol/L\times\frac{500}{1000}\ L\times17\ g/mol=51\ g$

51 g

(3) 0.10 mol/L の水酸化ナトリウム水溶液 20 mL をつくるのに必要な，水酸化ナトリウム NaOH の質量

$0.10\ mol/L\times\frac{20}{1000}\ L\times40\ g/mol$

$=8.0\times10^{-2}\ g$

8.0×10^{-2}(0.080) g

(4) 0.20 mol/L の酢酸水溶液 50 mL をつくるのに必要な，酢酸 CH_3COOH の質量

$0.20\ mol/L\times\frac{50}{1000}\ L\times60\ g/mol=0.60\ g$

0.60 g

(5) 1.0×10^{-2} mol/L のグルコース水溶液 40 mL をつくるのに必要な，グルコース $C_6H_{12}O_6$ の質量

$1.0\times10^{-2}\ mol/L\times\frac{40}{1000}\ L\times180\ g/mol$

$=7.2\times10^{-2}\ g$

7.2×10^{-2}(0.072) g

1 酸と塩基(1)

Check!

□ **アレニウスの酸と塩基の定義**
・**酸**(さん)…水に溶けて電離すると水素イオン H^+ を生じる物質。
・**塩基**(えんき)…水に溶けて電離すると水酸化物イオン OH^- を生じる物質。
□ **ブレンステッド・ローリーの酸と塩基の定義**
・**酸**…H^+ を与える物質。　・**塩基**…H^+ を受け取る物質。

1 次の物質の化学式を書き，酸・塩基を選びなさい。

例 **塩化水素(塩酸)**　HCl（ **酸**・塩基 ）

(1) 硝酸　HNO_3（ **酸**・塩基 ）
(2) 硫酸　H_2SO_4（ **酸**・塩基 ）
(3) リン酸　H_3PO_4（ **酸**・塩基 ）
(4) 酢酸　CH_3COOH（ **酸**・塩基 ）
(5) シュウ酸　$H_2C_2O_4$（$(COOH)_2$）（ **酸**・塩基 ）
(6) 水酸化ナトリウム　$NaOH$（ 酸・**塩基** ）
(7) 水酸化カルシウム　$Ca(OH)_2$（ 酸・**塩基** ）
(8) 水酸化マグネシウム　$Mg(OH)_2$（ 酸・**塩基** ）
(9) 水酸化バリウム　$Ba(OH)_2$（ 酸・**塩基** ）
(10) 水酸化カリウム　KOH（ 酸・**塩基** ）
(11) アンモニア　NH_3（ 酸・**塩基** ）

2 次の化学式で示される物質の名称を書き，酸となるHは○，塩基となるOHは□で囲みなさい。

例 ⒽCl　答 **塩化水素(塩酸)**

(1) ⒽNO_3　硝酸
(2) Ⓗ$_2SO_4$　硫酸
(3) Ⓗ$_3PO_4$　リン酸
(4) CH_3COOⒽ　酢酸
(5) Ⓗ$_2C_2O_4$　シュウ酸
(6) Na[OH]　水酸化ナトリウム
(7) Ca[(OH)$_2$]　水酸化カルシウム
(8) Mg[(OH)$_2$]　水酸化マグネシウム
(9) Ba[(OH)$_2$]　水酸化バリウム
(10) K[OH]　水酸化カリウム
(11) Al[(OH)$_3$]　水酸化アルミニウム

解説　酢酸は4個の水素原子から構成されるが，H^+ となることができるのは○で囲んだ1個である。$-C(=O)-O-H$（$-COOH$）を，カルボキシ基といい，この構造式を示すHが酸としてはたらくことができる。シュウ酸 $H_2C_2O_4$ は $(COOH)_2$ とも書かれるので，2個の水素原子とも H^+ となることができる。

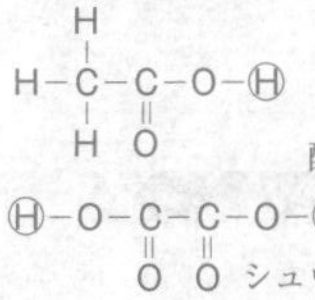

3 次の[　]の物質群を，右の表の酸・塩基に分類して化学式で書きなさい。

<物質群>
水酸化アルミニウム　リン酸　硝酸
水酸化カルシウム　水酸化カリウム
水酸化ナトリウム　水酸化バリウム
硫化水素　アンモニア　硫酸
塩化水素(塩酸)　シュウ酸　酢酸

酸	塩基
H_3PO_4　HNO_3 H_2SO_4　H_2S CH_3COOH　HCl $H_2C_2O_4$（$(COOH)_2$）	$Al(OH)_3$ $Ca(OH)_2$　KOH $NaOH$　$Ba(OH)_2$ NH_3

4 ブレンステッド・ローリーの定義における，水素イオンのやり取りと，酸と塩基を答えなさい。

例 $HCl + H_2O \longrightarrow H_3O^+ + Cl^-$（$H^+$：HCl→$H_2O$）
（ 酸 ）（塩基）

(1) $NH_3 + H_2O \longrightarrow NH_4^+ + OH^-$（$H^+$：$H_2O$→$NH_3$）
（ 塩基 ）（ 酸 ）

(2) $HNO_3 + H_2O \longrightarrow H_3O^+ + NO_3^-$（$H^+$：$HNO_3$→$H_2O$）
（ 酸 ）（ 塩基 ）

(3) $CO_3^{2-} + H_2O \longrightarrow HCO_3^- + OH^-$（$H^+$：$H_2O$→$CO_3^{2-}$）
（ 塩基 ）（ 酸 ）

(4) $HSO_4^- + H_2O \longrightarrow H_3O^+ + SO_4^{2-}$（$H^+$：$HSO_4^-$→$H_2O$）
（ 酸 ）（ 塩基 ）

(5) $NH_4^+ + H_2O \longrightarrow NH_3 + H_3O^+$（$H^+$：$NH_4^+$→$H_2O$）
（ 酸 ）（ 塩基 ）

(6) $HCl + NH_3 \longrightarrow NH_4^+ + Cl^-$（$H^+$：HCl→$NH_3$）
（ 酸 ）（ 塩基 ）

(7) $2HCl + Ba(OH)_2 \longrightarrow BaCl_2 + 2H_2O$（$H^+$：HCl→$Ba(OH)_2$）
（ 酸 ）（ 塩基 ）

5 次の物質の電離式を書きなさい。

例 **塩化水素(塩酸)** $HCl \longrightarrow H^+ + Cl^-$

(1) 硝酸　$HNO_3 \longrightarrow H^+ + NO_3^-$
(2) 硫酸　$H_2SO_4 \longrightarrow 2H^+ + SO_4^{2-}$
(3) リン酸　$H_3PO_4 \rightleftarrows 3H^+ + PO_4^{3-}$
(4) 酢酸　$CH_3COOH \rightleftarrows H^+ + CH_3COO^-$
(5) シュウ酸　$H_2C_2O_4 \rightleftarrows 2H^+ + C_2O_4^{2-}$
(6) 硫化水素　$H_2S \rightleftarrows 2H^+ + S^{2-}$
(7) 水酸化ナトリウム　$NaOH \longrightarrow Na^+ + OH^-$
(8) 水酸化カルシウム　$Ca(OH)_2 \longrightarrow Ca^{2+} + 2OH^-$
(9) 水酸化バリウム　$Ba(OH)_2 \longrightarrow Ba^{2+} + 2OH^-$
(10) 水酸化カリウム　$KOH \longrightarrow K^+ + OH^-$
(11) 水酸化鉄(Ⅲ)　$Fe(OH)_3 \rightleftarrows Fe^{3+} + 3OH^-$
(12) アンモニア　$NH_3 + H_2O \rightleftarrows NH_4^+ + OH^-$

解説　$Fe(OH)_3$ はほとんど水に溶けない塩基である。

アンモニア NH_3 は，Hをもっているが，酸ではなく塩基である。

ブレンステッド・ローリーの定義では，水 H_2O は酸にも塩基にもなる。

2 酸と塩基(2)

Check!

□ **酸と塩基の価数**…電離して H^+(OH^-)になることのできる H(OH)の数。
□ **電離度**…水に溶かした酸や塩基のうち，電離するものの割合。

$$電離度\ \alpha=\frac{電離した電解質の物質量}{溶解した電解質の物質量}$$

□ 酸(塩基)の強さ…電離度が大きい($\alpha≒1$)酸を**強酸**といい，電離度が小さい酸を**弱酸**という。
電離度が大きい($\alpha≒1$)塩基を**強塩基**といい，電離度が小さい塩基を**弱塩基**という。
・強酸…HCl，HNO_3，H_2SO_4 など　　・弱酸…CH_3COOH，$H_2C_2O_4$ など
・強塩基…NaOH，KOH，$Ca(OH)_2$，$Ba(OH)_2$ など　　・弱塩基…NH_3，$Mg(OH)_2$ など

1 次の物質の電離式を書き，何価の酸または塩基か答えなさい。

例 **塩化水素(塩酸) HCl**
・電離式：$HCl \longrightarrow H^+ + Cl^-$
・電離により1個の HCl から H^+ が1個生成するので1価の酸である。　　答 1価の酸

(1) 硝酸 HNO_3
・電離式：　$HNO_3 \longrightarrow$ $H^+ + NO_3^-$　　1 価の(酸・塩基)　〔酸に○〕

(2) 硫酸 H_2SO_4
・電離式：　$H_2SO_4 \longrightarrow$ $2H^+ + SO_4^{2-}$　　2 価の(酸・塩基)　〔酸に○〕

(3) リン酸 H_3PO_4
・電離式：　$H_3PO_4 \rightleftarrows$ $3H^+ + PO_4^{3-}$　　3 価の(酸・塩基)　〔酸に○〕

(4) 酢酸 CH_3COOH
・電離式：　$CH_3COOH \rightleftarrows$ $H^+ + CH_3COO^-$　　1 価の(酸・塩基)　〔酸に○〕

(5) シュウ酸 $H_2C_2O_4$
・電離式：　$H_2C_2O_4 \rightleftarrows$ $2H^+ + C_2O_4^{2-}$　　2 価の(酸・塩基)　〔酸に○〕

(6) 硫化水素 H_2S
・電離式：　$H_2S \rightleftarrows$ $2H^+ + S^{2-}$　　2 価の(酸・塩基)　〔酸に○〕

(7) 水酸化ナトリウム NaOH
・電離式：　$NaOH \longrightarrow$ $Na^+ + OH^-$　　1 価の(酸・塩基)　〔塩基に○〕

(8) 水酸化カルシウム $Ca(OH)_2$
・電離式：　$Ca(OH)_2 \longrightarrow$ $Ca^{2+} + 2OH^-$　　2 価の(酸・塩基)　〔塩基に○〕

(9) 水酸化バリウム $Ba(OH)_2$
・電離式：　$Ba(OH)_2 \longrightarrow$ $Ba^{2+} + 2OH^-$　　2 価の(酸・塩基)　〔塩基に○〕

(10) 水酸化カリウム KOH
・電離式：　$KOH \longrightarrow$ $K^+ + OH^-$　　1 価の(酸・塩基)　〔塩基に○〕

(11) 水酸化マグネシウム $Mg(OH)_2$
・電離式：　$Mg(OH)_2 \rightleftarrows$ $Mg^{2+} + 2OH^-$　　2 価の(酸・塩基)　〔塩基に○〕

(12) アンモニア NH_3
・電離式：　$NH_3 + H_2O \rightleftarrows$ $NH_4^+ + OH^-$　　1 価の(酸・塩基)　〔塩基に○〕

2 次の□の中にある物質を，下の表の1価の酸・1価の塩基・2価の酸・2価の塩基・3価の酸・3価の塩基に分類して，化学式で書きなさい。

<物質群>
塩化水素(塩酸)　硫酸　水酸化ナトリウム　水酸化カルシウム　アンモニア　硝酸　シュウ酸
水酸化バリウム　水酸化アルミニウム　酢酸　硫化水素　水酸化カリウム　リン酸

	酸	塩基
1価	HCl　HNO_3　CH_3COOH	NaOH　NH_3　KOH
2価	H_2SO_4　$H_2C_2O_4$　H_2S	$Ca(OH)_2$　$Ba(OH)_2$
3価	H_3PO_4	$Al(OH)_3$

3 次の溶液の電離度と酸・塩基の強弱を答えなさい。

例 **1.0 mol の酢酸を水に溶かして，0.010 mol の酢酸イオンが生じたとき，この酢酸水溶液の電離度を求め，弱酸か強酸か答えなさい。**

解法 $\frac{0.010\ \mathrm{mol}}{1.0\ \mathrm{mol}}=0.010$　電離度が小さいので，弱酸である。答 **$\alpha=0.010$，弱酸**

(1) 0.20 mol のアンモニアを水に溶かして，0.0010 mol のアンモニウムイオンが生じたとき，このアンモニア水の電離度を求め，弱塩基か強塩基か答えなさい。

解説 $\frac{0.0010\ \mathrm{mol}}{0.20\ \mathrm{mol}}=0.0050$　電離度が小さいので，弱塩基である。　$\alpha=0.0050$，弱塩基

(2) 0.10 mol の水酸化ナトリウムを水に溶かして，0.10 mol の水酸化物イオンが生じたとき，この水酸化ナトリウム水溶液の電離度を求め，弱塩基か強塩基か答えなさい。

解説 $\frac{0.10\ \mathrm{mol}}{0.10\ \mathrm{mol}}=1.0$　電離度が1なので，強塩基である。　$\alpha=1.0$，強塩基

(3) 0.050 mol の塩化水素を水に溶かして，0.050 mol の水素イオンが生じたとき，この塩酸の電離度を求め，弱酸か強酸か答えなさい。

解説 $\frac{0.050\ \mathrm{mol}}{0.050\ \mathrm{mol}}=1.0$　電離度が1なので，強酸である。　$\alpha=1.0$，強酸

4 次の□の中にある物質を，下の表の強酸・強塩基・弱酸・弱塩基に分類して，化学式で書きなさい。

<物質群>
塩化水素(塩酸)　硫酸　水酸化ナトリウム　水酸化カルシウム　アンモニア　硝酸
シュウ酸　水酸化バリウム　水酸化アルミニウム　酢酸　硫化水素　水酸化カリウム

	酸	塩基
強	HCl　H_2SO_4　HNO_3	NaOH　$Ca(OH)_2$　$Ba(OH)_2$　KOH
弱	$H_2C_2O_4$　CH_3COOH　H_2S	NH_3　$Al(OH)_3$

3 水素イオン濃度と pH

Check!

□ **水素イオン濃度** $[H^+]$…水素イオン H^+ のモル濃度。

・c〔mol/L〕の酸(電離度 α)の水素イオン濃度…$[H^+]=c\alpha$〔mol/L〕

発展 ・水溶液は，常に $[H^+][OH^-]=1.0\times10^{-14}$ (mol/L)^2(25 ℃)が成り立つ(**水のイオン積**)。

□ **水素イオン指数 pH**…酸性や塩基性の強弱を表す値。

・$[H^+]=1.0\times10^{-n}$〔mol/L〕のとき，pH$=n$

・強酸・強塩基の水溶液を 10 倍に希釈すると，pH は 7 に 1 ずつ近づく。

1 次の酸の水溶液の水素イオン濃度 $[H^+]$ を求めなさい。

例 **0.20 mol/L の酢酸水溶液 (電離度 $\alpha=0.010$)**

解法 $[H^+]=0.20$ mol/L$\times0.010$
$=0.0020$ mol/L 答 2.0×10^{-3} mol/L

(1) 0.010 mol/L の酢酸水溶液(電離度 $\alpha=0.010$)
$[H^+]=0.010$ mol/L$\times0.010=0.00010$ mol/L
1.0×10^{-4} mol/L

(2) 0.010 mol/L のギ酸水溶液 (電離度 $\alpha=0.020$)
$[H^+]=0.010$ mol/L$\times0.020=0.00020$ mol/L
2.0×10^{-4} mol/L

(3) 0.050 mol/L の塩酸(電離度 $\alpha=1.0$)
$[H^+]=0.050$ mol/L$\times1.0=0.050$ mol/L
5.0×10^{-2} mol/L

2 発展 次の塩基の水溶液の水素イオン濃度 $[H^+]$ を，水のイオン積 K_w を用いて求めなさい。

例 **0.010 mol/L の水酸化ナトリウム水溶液(電離度 $\alpha=1.0$)**

解法 $[OH^-]=0.010$ mol/L$\times1.0$
$=0.010$ mol/L
$[H^+]=\dfrac{K_w}{[OH^-]}=\dfrac{1.0\times10^{-14}}{0.010}$
$=1.0\times10^{-12}$ mol/L
答 1.0×10^{-12} mol/L

(1) 0.10 mol/L の水酸化ナトリウム水溶液 (電離度 $\alpha=1.0$)
$[OH^-]=0.10$ mol/L$\times1.0=0.10$ mol/L
$[H^+]=\dfrac{K_w}{[OH^-]}=\dfrac{1.0\times10^{-14}}{0.10}=1.0\times10^{-13}$ mol/L
1.0×10^{-13} mol/L

(2) 0.020 mol/L の水酸化カリウム水溶液 (電離度 $\alpha=1.0$)
$[OH^-]=0.020$ mol/L$\times1.0=0.020$ mol/L
$[H^+]=\dfrac{K_w}{[OH^-]}=\dfrac{1.0\times10^{-14}}{0.020}=5.0\times10^{-13}$ mol/L
5.0×10^{-13} mol/L

(3) 0.050 mol/L のアンモニア水 (電離度 $\alpha=0.010$)
$[OH^-]=0.050$ mol/L$\times0.010=0.00050$
$=5.0\times10^{-4}$ mol/L
$[H^+]=\dfrac{K_w}{[OH^-]}=\dfrac{1.0\times10^{-14}}{5.0\times10^{-4}}=2.0\times10^{-11}$ mol/L
2.0×10^{-11} mol/L

3 次の水素イオン濃度 $[H^+]$ から，水素イオン指数 pH を求めなさい。

例 **水素イオン濃度 $[H^+]=1.0\times10^{-3}$ mol/L**

解法 水素イオン指数 pH は，
$[H^+]=1.0\times10^{-n}$〔mol/L〕のときの n の値である。 答 pH$=3$

(1) $[H^+]=1.0\times10^{-5}$ mol/L pH= 5

(2) $[H^+]=1.0\times10^{-7}$ mol/L pH= 7

(3) $[H^+]=1.0\times10^{-10}$ mol/L pH= 10

(4) $[H^+]=1.0\times10^{-14}$ mol/L pH= 14

4 次の水溶液の水素イオン指数 pH から，水溶液の水素イオン濃度 $[H^+]$ を求めなさい。

例 **水素イオン指数 pH=3 の水溶液**

解法 pH$=n$ のとき，
$[H^+]=1.0\times10^{-n}$〔mol/L〕
答 $[H^+]=1.0\times10^{-3}$ mol/L

(1) pH=7
$[H^+]=$ 1.0×10^{-7} mol/L

(2) pH=12
$[H^+]=$ 1.0×10^{-12} mol/L

5 次の酸の水溶液の pH を求めなさい。

例 **0.10 mol/L の酢酸水溶液 (電離度 $\alpha=0.010$)**

解法 $[H^+]=0.10$ mol/L$\times0.010=0.0010$
$=1.0\times10^{-3}$ mol/L
答 pH=3

(1) 0.010 mol/L 酢酸水溶液(電離度 $\alpha=0.010$)
$[H^+]=0.010$ mol/L$\times0.010=0.00010$
$=1.0\times10^{-4}$ mol/L pH= 4

(2) 0.10 mol/L の塩酸(電離度 $\alpha=1.0$)
$[H^+]=0.10$ mol/L$\times1.0=0.10$
$=1.0\times10^{-1}$ mol/L
pH= 1

(3) 0.00020 mol/L のギ酸水溶液 (電離度 $\alpha=0.050$)
$[H^+]=0.00020$ mol/L$\times0.050=0.000010$
$=1.0\times10^{-5}$ mol/L
pH= 5

6 発展 次の塩基の水溶液の pH を，上記の水のイオン積 K_w を用いて求めなさい。

例 **0.010 mol/L の水酸化ナトリウム水溶液(電離度 $\alpha=1.0$)**

解法 $[OH^-]=0.010$ mol/L$\times1.0$
$=0.010$ mol/L
$[H^+]=\dfrac{K_w}{[OH^-]}=\dfrac{1.0\times10^{-14}}{0.010}$
$=1.0\times10^{-12}$ mol/L
答 pH=12

(1) 1.0 mol/L の水酸化カリウム水溶液 (電離度 $\alpha=1.0$)
$[OH^-]=1.0$ mol/L$\times1.0=1.0$ mol/L
$[H^+]=\dfrac{K_w}{[OH^-]}=\dfrac{1.0\times10^{-14}}{1.0}$
$=1.0\times10^{-14}$ mol/L pH= 14

(2) 0.10 mol/L のアンモニア水 (電離度 $\alpha=0.010$)
$[OH^-]=0.10$ mol/L$\times0.010=0.0010$ mol/L
$[H^+]=\dfrac{K_w}{[OH^-]}=\dfrac{1.0\times10^{-14}}{1.0\times10^{-3}}$
$=1.0\times10^{-11}$ mol/L
pH= 11

(3) 2.0×10^{-4} mol/L のアンモニア水 (電離度 $\alpha=0.050$)
$[OH^-]=2.0\times10^{-4}$ mol/L$\times0.050$
$=1.0\times10^{-5}$ mol/L
$[H^+]=\dfrac{K_w}{[OH^-]}=\dfrac{1.0\times10^{-14}}{1.0\times10^{-5}}$
$=1.0\times10^{-9}$ mol/L
pH= 9

7 次の水溶液をうすめたときの pH を求めなさい。

例 **pH=3 の塩酸を 100 倍にうすめた水溶液**

解法 塩酸は強酸であり，100(=10×10)倍にうすめるので，pH=3+2=5
答 pH=5

(1) pH=1 の塩酸を 100 倍にうすめた水溶液
塩酸は強酸であり，100(=10×10)倍にうすめるので，pH=1+2=3 pH= 3

(2) pH=2 の硝酸を 1000 倍にうすめた水溶液
硝酸は強酸であり，1000(=10×10×10)倍にうすめるので，pH=2+3=5 pH= 5

(3) pH=12 の水酸化ナトリウム水溶液を 100 倍にうすめた水溶液
水酸化ナトリウムは強塩基であり，100(=10×10)倍にうすめるので，
pH=12−2=10 pH= 10

酸(塩基)の電離度は濃度によって異なり，酸(塩基)の濃度が小さいほど電離度は大きくなる。

pH は単位ではない。したがって，2 pH とは書かない。

4 中和反応(1)

Check!

□ **中和反応**…酸の H^+ と塩基の OH^- が反応して，互いにその性質を打ち消し合い，H_2O を生じる反応。

例 $HCl + NaOH \longrightarrow NaCl + H_2O$
酸 ＋ 塩基 ⟶ 塩※ ＋ 水

※**塩**…中和反応によって生じる，H_2O 以外の物質（塩基の陽イオンと酸の陰イオンで生成）

□ 中和反応の量的関係
・酸と塩基が過不足なく中和するとき，次の量的関係が成り立つ。（酸・塩基の強さには無関係）
酸から生じる H^+ の物質量＝塩基から生じる OH^- の物質量

1 次の物質による中和反応の化学反応式を書きなさい。

例 塩化水素と水酸化ナトリウム
解法 塩化水素 HCl と水酸化ナトリウム NaOH は，次のように電離する。
$HCl \longrightarrow H^+ + Cl^-$
+) $NaOH \longrightarrow Na^+ + OH^-$
答 $HCl + NaOH \longrightarrow NaCl + H_2O$

(1) 硝酸と水酸化ナトリウム
硝酸 HNO_3 と水酸化ナトリウム NaOH は，次のように電離する。
$HNO_3 \longrightarrow H^+ + NO_3^-$
+) $NaOH \longrightarrow Na^+ + OH^-$
答 $HNO_3 + NaOH \longrightarrow NaNO_3 + H_2O$

(2) 塩化水素と水酸化カリウム
塩化水素 HCl と水酸化カリウム KOH は，次のように電離する。
$HCl \longrightarrow H^+ + Cl^-$
+) $KOH \longrightarrow K^+ + OH^-$
答 $HCl + KOH \longrightarrow KCl + H_2O$

(3) 酢酸と水酸化ナトリウム
酢酸 CH_3COOH と水酸化ナトリウム NaOH は，次のように電離する。
$CH_3COOH \longrightarrow CH_3COO^- + H^+$
+) $NaOH \longrightarrow Na^+ + OH^-$
答 $CH_3COOH + NaOH \longrightarrow CH_3COONa + H_2O$

補足 弱酸の電離式では，$\rightleftarrows$ で表してある(P.5～6)が，中和反応では，すべての $H^+(OH^-)$ が使われるので，すべて ⟶ で表してある。

(4) 硫酸と水酸化ナトリウム
硫酸 H_2SO_4 と水酸化ナトリウム NaOH は，次のように電離する。
$H_2SO_4 \longrightarrow 2H^+ + SO_4^{2-}$ …①
$NaOH \longrightarrow Na^+ + OH^-$ …②
H^+ と OH^- の係数をあわせるために②式を2倍して両式をたす。
$H_2SO_4 \longrightarrow 2H^+ + SO_4^{2-}$
+) $2NaOH \longrightarrow 2Na^+ + 2OH^-$
答 $H_2SO_4 + 2NaOH \longrightarrow Na_2SO_4 + 2H_2O$

(5) 塩化水素と水酸化カルシウム
塩化水素 HCl と水酸化カルシウム $Ca(OH)_2$ は，次のように電離する。
$HCl \longrightarrow H^+ + Cl^-$ …①
$Ca(OH)_2 \longrightarrow Ca^{2+} + 2OH^-$ …②
H^+ と OH^- の係数をあわせるために①式を2倍して両式をたす。
$2HCl \longrightarrow 2H^+ + 2Cl^-$
+) $Ca(OH)_2 \longrightarrow Ca^{2+} + 2OH^-$
答 $2HCl + Ca(OH)_2 \longrightarrow CaCl_2 + 2H_2O$

(6) シュウ酸と水酸化ナトリウム
シュウ酸 $H_2C_2O_4$ と水酸化ナトリウム NaOH は，次のように電離する。
$H_2C_2O_4 \longrightarrow 2H^+ + C_2O_4^{2-}$ …①
$NaOH \longrightarrow Na^+ + OH^-$ …②
H^+ と OH^- の係数をあわせるために②式を2倍して両式をたす。
$H_2C_2O_4 \longrightarrow 2H^+ + C_2O_4^{2-}$
+) $2NaOH \longrightarrow 2Na^+ + 2OH^-$
答 $H_2C_2O_4 + 2NaOH \longrightarrow Na_2C_2O_4 + 2H_2O$

原子量 H=1.0，O=16，S=32，K=39

2 次の中和に必要な酸や塩基の物質量を，有効数字2桁で答えなさい。

例 0.20 mol の硫酸 H_2SO_4 を中和するのに必要な水酸化ナトリウム NaOH の物質量
解法 酸の出しうる H^+ の物質量と塩基の出しうる OH^- の物質量を考える。
H_2SO_4 は2価の酸，NaOH は1価の塩基である。NaOH の物質量を x〔mol〕とすると，出しうる H^+ の物質量＝OH^- の物質量より，$2 \times 0.20\ \text{mol} = 1 \times x$〔mol〕
よって，$x = 0.40\ \text{mol}$
答 **0.40 mol**

(1) 0.30 mol の塩化水素 HCl を中和するのに必要な水酸化カルシウム $Ca(OH)_2$ の物質量
解説 HCl は1価の酸，$Ca(OH)_2$ は2価の塩基である。$Ca(OH)_2$ の物質量を x〔mol〕とすると，出しうる H^+ の物質量＝OH^- の物質量より，$1 \times 0.30\ \text{mol} = 2 \times x$〔mol〕
よって，$x = 0.15\ \text{mol}$
0.15 mol

(2) 0.40 mol の水酸化ナトリウム NaOH を中和するのに必要なシュウ酸 $H_2C_2O_4$ の物質量
解説 $H_2C_2O_4$ は2価の酸，NaOH は1価の塩基である。$H_2C_2O_4$ の物質量を x〔mol〕とすると，出しうる H^+ の物質量＝OH^- の物質量より，$2 \times x$〔mol〕$= 1 \times 0.40\ \text{mol}$
よって，$x = 0.20\ \text{mol}$
0.20 mol

3 次の中和に必要な酸や塩基の質量や体積を，有効数字2桁で答えなさい。

例 0.50 mol の硝酸 HNO_3 と過不足なく中和する水酸化カリウム KOH の質量
解法 HNO_3 は1価の酸，KOH は1価の塩基である。KOH の式量は56であるから，x〔g〕の KOH の物質量は，$\dfrac{x\text{〔g〕}}{56\ \text{g/mol}}$ である。
出しうる H^+ の物質量＝OH^- の物質量より，$1 \times 0.50\ \text{mol} = 1 \times \dfrac{x\text{〔g〕}}{56\ \text{g/mol}}$
よって，$x = 28\ \text{g}$
答 **28 g**

(1) 0.10 mol の水酸化ナトリウム NaOH と過不足なく中和する硫酸 H_2SO_4 の質量
解説 H_2SO_4 は2価の酸，NaOH は1価の塩基である。H_2SO_4 の分子量は98であるから，x〔g〕の H_2SO_4 の物質量は，$\dfrac{x\text{〔g〕}}{98\ \text{g/mol}}$ である。
出しうる H^+ の物質量＝OH^- の物質量より，$2 \times \dfrac{x\text{〔g〕}}{98\ \text{g/mol}} = 1 \times 0.10\ \text{mol}$
よって，$x = 4.9\ \text{g}$
4.9 g

(2) 0.30 mol の塩化水素 HCl と過不足なく中和するアンモニア NH_3 の 0℃，1.013×10^5 Pa(標準状態)における体積
解説 HCl は1価の酸，NH_3 は1価の塩基である。標準状態で x〔L〕の NH_3 の物質量は，$\dfrac{x\text{〔L〕}}{22.4\ \text{L/mol}}$ である。出しうる H^+ の物質量＝OH^- の物質量より，
$1 \times 0.30\ \text{mol} = 1 \times \dfrac{x\text{〔L〕}}{22.4\ \text{L/mol}}$　よって，$x = 6.72 \fallingdotseq 6.7\ \text{L}$
6.7 L

5 中和反応(2)

Check!

□ 水溶液の中和反応における量的関係

・c〔mol/L〕の a 価の酸の水溶液 V〔mL〕と c'〔mol/L〕の b 価の塩基の水溶液 V'〔mL〕とが過不足なくちょうど中和するとき，次の関係が成り立つ。

$$\underbrace{a\times c\text{〔mol/L〕}\times\frac{V}{1000}\text{〔L〕}}_{\text{酸から生じる H}^+\text{ の物質量(mol)}}=\underbrace{b\times c'\text{〔mol/L〕}\times\frac{V'}{1000}\text{〔L〕}}_{\text{塩基から生じる OH}^-\text{ の物質量(mol)}}\quad (acV=bc'V')$$

□ **中和滴定**(ちゅうわてきてい)…中和反応の量的関係を利用し，酸や塩基の水溶液の濃度を求める操作のこと。

1 次の酸と塩基がちょうど中和したとき，下の問いに答えなさい。

例 **0.10 mol/L の硫酸 H_2SO_4 10 mL をちょうど中和するのに，水酸化カリウム KOH 水溶液が 8.0 mL 必要であった。KOH 水溶液のモル濃度を求めなさい。**

解法 H_2SO_4 は 2 価の酸，KOH は 1 価の塩基である。H_2SO_4 が出しうる H^+ の物質量と KOH が出しうる OH^- の物質量の関係から，KOH 水溶液のモル濃度を x〔mol/L〕とすると，

$$2\times 0.10\ \text{mol/L}\times\frac{10}{1000}\ \text{L}=1\times x\text{〔mol/L〕}\times\frac{8.0}{1000}\ \text{L}$$

よって，$x=0.25$ mol/L　　**答** 0.25 mol/L

(1) 0.40 mol/L の塩酸 HCl 10 mL をちょうど中和するのに，水酸化カルシウム $Ca(OH)_2$ 水溶液が 12.5 mL 必要であった。この $Ca(OH)_2$ 水溶液のモル濃度を求めなさい。

解説 HCl は 1 価の酸，$Ca(OH)_2$ は 2 価の塩基である。HCl が出しうる H^+ の物質量と $Ca(OH)_2$ が出しうる OH^- の物質量の関係から，$Ca(OH)_2$ 水溶液のモル濃度を x〔mol/L〕とすると，

$$1\times 0.40\ \text{mol/L}\times\frac{10}{1000}\ \text{L}=2\times x\text{〔mol/L〕}\times\frac{12.5}{1000}\ \text{L}$$

よって，$x=0.16$ mol/L　　0.16 mol/L

(2) 濃度がわからないシュウ酸 $H_2C_2O_4$ 水溶液 30 mL を中和するのに，0.20 mol/L の水酸化ナトリウム NaOH 水溶液が 15 mL 必要であった。この $H_2C_2O_4$ のモル濃度を求めなさい。

解説 $H_2C_2O_4$ は 2 価の酸，NaOH は 1 価の塩基である。$H_2C_2O_4$ が出しうる H^+ の物質量と NaOH が出しうる OH^- の物質量の関係から，$H_2C_2O_4$ 水溶液のモル濃度を x〔mol/L〕とすると，

$$2\times x\text{〔mol/L〕}\times\frac{30}{1000}\ \text{L}=1\times 0.20\ \text{mol/L}\times\frac{15}{1000}\ \text{L}$$

よって，$x=0.050$ mol/L　　5.0×10^{-2}(0.050) mol/L

(3) 0.20 mol/L の硫酸 H_2SO_4 15 mL をちょうど中和するのに，0.25 mol/L の水酸化ナトリウム NaOH 水溶液は何 mL 必要か求めなさい。

解説 H_2SO_4 は 2 価の酸，NaOH は 1 価の塩基である。H_2SO_4 が出しうる H^+ の物質量と NaOH が出しうる OH^- の物質量の関係から，中和に必要な NaOH 水溶液の体積を x〔mL〕とすると，

$$2\times 0.20\ \text{mol/L}\times\frac{15}{1000}\ \text{L}=1\times 0.25\ \text{mol/L}\times\frac{x}{1000}\text{〔L〕}$$

よって，$x=24$ mL　　24 mL

(4) 0.20 mol/L の水酸化ナトリウム NaOH 水溶液 30 mL が，0.10 mol/L のある酸の水溶液 20 mL で中和した。この酸の価数を求めなさい。

解説 NaOH は 1 価の塩基である。この酸の価数を x とすると，この酸が出しうる H^+ の物質量と NaOH が出しうる OH^- の物質量の関係から，

$$x\times 0.10\ \text{mol/L}\times\frac{20}{1000}\ \text{L}=1\times 0.20\ \text{mol/L}\times\frac{30}{1000}\ \text{L}$$

よって，$x=3$　　3 価

(5) ある濃度の酢酸 CH_3COOH 水溶液を 10 倍にうすめた。このうすめた CH_3COOH 水溶液 10 mL を中和するのに 0.10mol/L の水酸化ナトリウム NaOH 水溶液が 7.0 mL 必要であった。うすめる前の CH_3COOH 水溶液の濃度は何 mol/L か求めなさい。

解説 CH_3COOH は 1 価の酸，NaOH は 1 価の塩基である。CH_3COOH が出しうる H^+ の物質量と NaOH が出しうる OH^- の物質量の関係から，うすめた CH_3COOH 水溶液のモル濃度を x〔mol/L〕とすると，$1\times x\text{〔mol/L〕}\times\frac{10}{1000}\ \text{L}=1\times 0.10\ \text{mol/L}\times\frac{7.0}{1000}\ \text{L}$

よって，$x=0.070$ mol/L　　したがって，うすめる前の CH_3COOH 水溶液の濃度は，

$0.070\times10=0.70$ mol/L　　0.70 mol/L

2 次の酸と塩基がちょうど中和したとき，下の問いに答えなさい。

例 **固体の水酸化ナトリウム NaOH 0.20 g を中和するのに必要な 0.50 mol/L の硫酸 H_2SO_4 は何 mL か。**

解法 NaOH の式量は 40 であるから，NaOH 0.20g の物質量は $\frac{0.20}{40}$ mol である。H_2SO_4 が出しうる H^+ の物質量と NaOH が出しうる OH^- の物質量の関係から，中和に必要な H_2SO_4 を x〔mL〕とすると，

$$\underbrace{2\times 0.50\ \text{mol/L}\times\frac{x}{1000}\text{〔L〕}}_{\text{酸から生じる H}^+\text{ の物質量}}=\underbrace{1\times\frac{0.20}{40}\ \text{mol}}_{\text{塩基から生じる OH}^-\text{ の物質量}}$$

よって，$x=5.0$ mL　　**答** 5.0 mL

(1) 0.30 mol/L の塩酸 HCl 200 mL を中和するのに必要な水酸化ナトリウム NaOH は何 g か。

解説 中和に必要な NaOH の質量を x〔g〕とする。HCl が出しうる H^+ の物質量と NaOH (式量＝40) が出しうる OH^- の物質量の関係から，

$$1\times 0.30\ \text{mol/L}\times\frac{200}{1000}\ \text{L}=1\times\frac{x}{40}\text{〔mol〕}$$

よって，$x=2.4$ g　　2.4 g

(2) 0.80 mol/L の塩酸 HCl 50 mL に気体のアンモニア NH_3 を通して中和するときに必要な NH_3 は 0℃，1.013×10^5 Pa (標準状態) で何 mL か。

解説 中和に必要な NH_3 の標準状態での体積を x〔L〕とすると，NH_3 の物質量は，$\frac{x}{22.4}$〔mol〕となる。HCl が出しうる H^+ の物質量と NH_3 が出しうる OH^- の物質量の関係から，

$$1\times 0.80\ \text{mol/L}\times\frac{50}{1000}\ \text{L}=1\times\frac{x}{22.4}\text{〔mol〕}$$

よって，$x=0.896 \fallingdotseq 0.90$ L (90)

9.0×10^2(900) mL

 $acV=bc'V'$ の式中にある 6 個の未知数のうち，5 個を問題中から探す。

出しうる H^+ や OH^- は，酸や塩基の電離度とは無関係である。

6 中和反応(3)

Check!

□ **中和滴定**

中和反応の量的関係を利用し，酸や塩基の水溶液の濃度を求める操作のこと。

□ 中和滴定で使用する器具

◀ コニカルビーカー
酸と塩基を反応させる容器。三角フラスコなどでも代用可能

◀ メスフラスコ
一定濃度の溶液を調製する

◀ ホールピペット
一定体積の溶液を正確にはかり取る

◀ ビュレット
溶液を滴下し，その体積を正確にはかる

□ 中和滴定の操作(濃度のわからない酢酸水溶液を水酸化ナトリウム水溶液で滴定する場合)

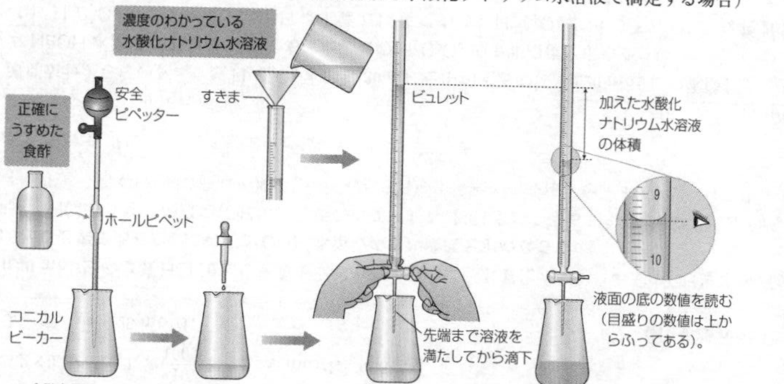

食酢を正確に一定量とる。　フェノールフタレイン溶液を1～2滴加える。　ビュレットから水酸化ナトリウム水溶液を少しずつ滴下し，振り混ぜる。指示薬が変色したら，滴下をやめる。

□ **滴定曲線**

中和滴定のとき，加えた酸または塩基の水溶液の体積と混合水溶液の pH の関係を示したグラフ

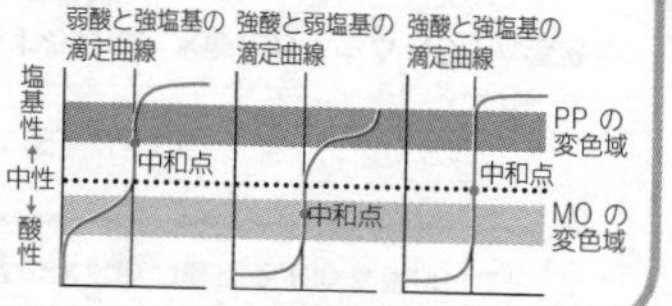

□ **pH 指示薬**

水溶液の pH によって特有の色を示す色素

・フェノールフタレイン(PP)：変色域 8.0～9.8

・メチルオレンジ(MO)：変色域 3.1～4.4

1 次の中和滴定に用いるガラス器具の名称を書きなさい。

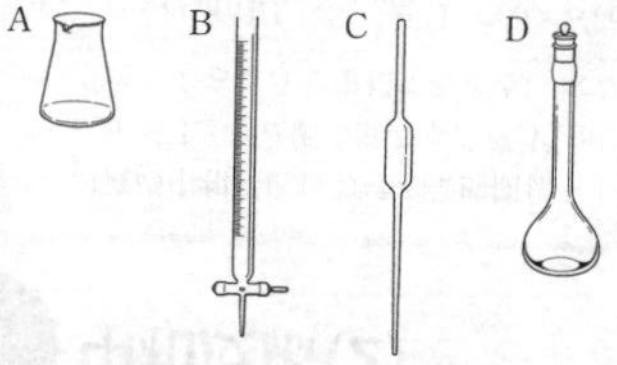

A. コニカルビーカー　B. ビュレット

C. ホールピペット　D. メスフラスコ

解説　ビュレットとホールピペットが水でぬれている場合，使用前に共洗い(使用する試薬で洗うこと)が必要である。コニカルビーカーとメスフラスコは，水でぬれていてもそのまま使用してよい。

2 中和に関わる次の操作に必要な器具の名称を答えなさい。

(1) 濃度のわからない酢酸水溶液を 10 倍に薄めるとき

ホールピペット を使って 10 mL をはかり取り メスフラスコ に入れて標線まで水を加える。

(2) 酢酸水溶液を水酸化ナトリウム水溶液で滴定するとき

酢酸水溶液を コニカルビーカー に入れ，指示薬を加える。 ビュレット を用いて水酸化ナトリウム水溶液を滴下する。

3 次の(ア)～(エ)の図は，0.10 mol/L の酸あるいは 0.10 mol/L の塩基 10 mL を中和反応させたときの滴定曲線である。図の縦軸は pH，横軸は加えた酸・塩基の滴下量を示している。下の酸ー塩基の組み合わせで得られる滴定曲線を選びなさい。また，中和点での水溶液の性質は，酸性・中性・塩基性のうちどれを示すか答えなさい。

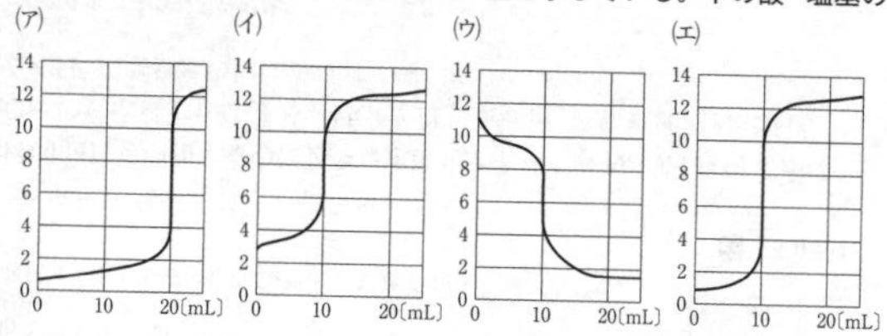

例 HCl を NaOH で滴定

解法　0.10 mol/L の塩酸 HCl の pH は 1 である。また，HCl，水酸化ナトリウム NaOH ともに 1 価であるから，同濃度の NaOH 水溶液で過不足なく中和するためには，同体積(10 mL)必要となる。以上のことから滴定曲線は，(エ)となる。また，HCl(強酸)，NaOH(強塩基)の中和で得られる塩(NaCl)の水溶液は中性を示す。

答　滴定曲線：(エ)　塩：中性

(1) CH_3COOH を NaOH で滴定

解説　0.10 mol/L の酢酸 CH_3COOH の pH は 3 程度。CH_3COOH，水酸化ナトリウム NaOH ともに 1 価であるから，同濃度の NaOH 水溶液で過不足なく中和するためには，同体積(10 mL)必要となる。以上のことから，滴定曲線は(イ)となる。また，CH_3COOH(弱酸)，NaOH(強塩基)の中和で得られる塩(CH_3COONa)の水溶液は塩基性を示す。

滴定曲線：(イ)　塩：塩基性

(2) NH_3 を HCl で滴定

解説　0.10 mol/L のアンモニア NH_3 の pH は 11 程度である。NH_3，塩酸 HCl ともに 1 価なので，同濃度の HCl で過不足なく中和するためには，同体積(10 mL)必要となる。以上のことから，滴定曲線は，(ウ)となる。また，HCl(強酸)，NH_3(弱塩基)の中和で得られる塩(NH_4Cl)の水溶液は酸性を示す。

滴定曲線：(ウ)　塩：酸性

(3) H_2SO_4 を NaOH で滴定

解説　0.10 mol/L の硫酸 H_2SO_4 の pH は 1 よりも小さい。また，H_2SO_4 は 2 価の酸，水酸化ナトリウム NaOH は 1 価の塩基であるから，10 mL の H_2SO_4 を同濃度の NaOH 水溶液で過不足なく中和するためには，20mL 必要となる。以上のことから，滴定曲線は(ア)となる。また，H_2SO_4(強酸)，NaOH(強塩基)の中和で得られる塩(Na_2SO_4)の水溶液は中性を示す。

滴定曲線：(ア)　塩：中性

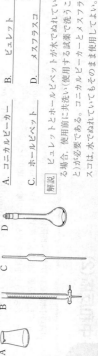

 中和滴定で用いる濃度が正確にわかっている酸または塩基の水溶液を標準溶液とい…

7 中和反応(4)

Check!

□ **塩の分類**

酸性塩…化学式に酸の H を含む塩。例 $NaHSO_4$

正塩…化学式に酸の H も塩基の OH も含まない塩。例 NaCl

塩基性塩…化学式に塩基の OH を含む塩。例 MgCl(OH)

□ 正塩の水溶液の性質

元の酸と塩基に強さの違いがあると塩の水溶液は強い方の性質を示す

塩の構成	水溶液の性質	物質の例
強酸と強塩基	中性	NaCl, $Ca(NO_3)_2$, K_2SO_4
強酸と弱塩基	酸性	$FeCl_3$, $CuSO_4$, NH_4Cl
弱酸と強塩基	塩基性	CH_3COONa, Na_2CO_3
弱酸と弱塩基	種類によって異なる	CH_3COONH_4

□ 塩と酸・塩基の反応

〈弱酸の遊離〉　弱酸の塩 ＋ 強酸 → 強酸の塩 ＋ 弱酸

〈弱塩基の遊離〉　弱塩基の塩 ＋ 強塩基 → 強塩基の塩 ＋ 弱塩基

1 次の塩の化学式を書き，その塩が酸性塩・正塩・塩基性塩のどれに分類されるか答えなさい。

例 **炭酸水素ナトリウム**

解法 炭酸水素ナトリウムは $NaHCO_3$ であり，Na^+，H^+，CO_3^{2-} からできている。酸からの H (H^+)が含まれているので，これは酸性塩である。

答 化学式：$NaHCO_3$　分類：**酸性塩**

(1) 塩化ナトリウム

化学式：NaCl　性質：正塩

(2) 酢酸ナトリウム

化学式：CH_3COONa　性質：正塩

(3) 塩化アンモニウム

化学式：NH_4Cl　性質：正塩

(4) 硫酸水素ナトリウム

化学式：$NaHSO_4$　性質：酸性塩

(5) 塩化水酸化マグネシウム

化学式：MgCl(OH)　性質：塩基性塩

(6) 塩化水酸化銅(II)

化学式：CuCl(OH)　性質：塩基性塩

(7) 塩化カルシウム

化学式：$CaCl_2$　性質：正塩

(8) 炭酸ナトリウム

化学式：Na_2CO_3　性質：正塩

2 次の塩のもとになった酸と塩基の化学式を書きなさい。また，その水溶液の性質が酸性・塩基性・中性のどれになるかを答えなさい。

例 **塩化ナトリウム**

解法 塩化ナトリウム NaCl をつくる陰イオン(Cl^-)と H^+ の化合物が酸で HCl，陽イオン(Na^+)と OH^- の化合物が塩基 NaOH となる。
HCl は強酸，NaOH は強塩基なので，できた塩は中性となる。

答 酸：HCl，塩基：NaOH
性質：**中性**

(1) 塩化マグネシウム

酸：HCl　塩基：$Mg(OH)_2$

性質：酸性

(2) 塩化カリウム

酸：HCl　塩基：KOH

性質：中性

(3) 硫酸ナトリウム

酸：H_2SO_4　塩基：NaOH

性質：中性

(4) 酢酸ナトリウム

酸：CH_3COOH　塩基：NaOH

性質：塩基性

(5) 塩化アンモニウム

酸：HCl　塩基：NH_3

性質：酸性

(6) 硝酸アンモニウム

酸：HNO_3　塩基：NH_3

性質：酸性

3 次の物質が反応したときの化学反応式を書きなさい。

例 **酢酸ナトリウムと塩酸**

解法 酢酸ナトリウムは，酢酸と水酸化ナトリウムからできる塩である。この塩は弱酸の塩なので，強酸の塩酸と反応して弱酸の酢酸を遊離する。

答 $CH_3COONa + HCl \rightarrow NaCl + CH_3COOH$

(1) 酢酸ナトリウムと希硫酸

$2CH_3COONa + H_2SO_4 \longrightarrow Na_2SO_4 + 2CH_3COOH$

(2) 炭酸ナトリウムと塩酸

$Na_2CO_3 + 2HCl \longrightarrow 2NaCl + CO_2 + H_2O$

(3) 塩化アンモニウムと水酸化ナトリウム水溶液

$NH_4Cl + NaOH \longrightarrow NaCl + NH_3 + H_2O$

MgCl(OH)などの塩基性塩は OH を強調するために OH に( )をつける

アンモニアは水中で次のように電離する。$NH_3 + H_2O \longrightarrow NH_4^+ + OH^-$

8 酸化・還元(1)

☑Check!

□ 酸化・還元の定義

	酸化される物質	還元される物質
酸　素	得る	失う
水　素	失う	得る
電　子	失う	得る
酸化数	増える	減る

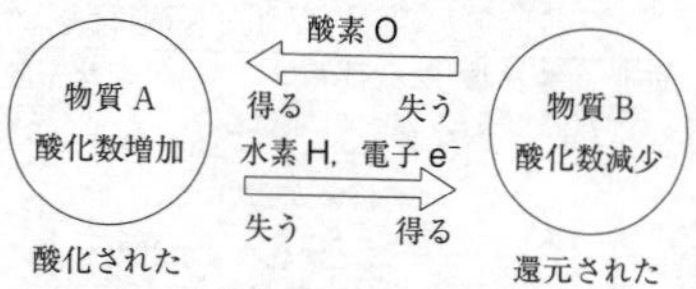

□ 酸化数(さんかすう)…原子の酸化の度合いを示す値(原子に比べてどれだけ電子をもっているかを表す)。
- 単体中の原子の酸化数は0。
- 化合物中の水素原子の酸化数は＋1，酸素原子は－2(H_2O_2 中の酸素原子は－1)。
- 化合物を構成する原子の酸化数の総和が0。
- イオンを構成する各原子の酸化数の総和がそのイオンの価数。

1 次の化学式中の下線部の原子の酸化数を書きなさい。

例 (1) **窒素** $\underline{N}_2$
解法 単体中の原子の酸化数は0。
答 0

(2) **ナトリウムイオン** $\underline{Na}^+$
解法 単原子イオンの酸化数はイオンの価数に等しい。
答 ＋1

(3) **硫酸イオン** $\underline{S}O_4^{2-}$
解法 化合物中のOの酸化数は－2，SO_4^{2-} の構成原子の酸化数の総和がイオンの価数に等しいから，Sの酸化数を x とすると，
$x+(-2)\times4=-2$　$x=+6$
（Oの酸化数）（イオンの価数）
よって，Sの酸化数は＋6となる。
答 ＋6

(1) 銅 $\underline{Cu}$
単体の原子の酸化数は0となる。
0

(2) 塩化水素 $H\underline{Cl}$
$+1+x=0$　$x=-1$
－1

(3) 硫化水素 $H_2\underline{S}$
$(+1)\times2+x=0$　$x=-2$
－2

(4) アンモニア $\underline{N}H_3$
$x+(+1)\times3=0$　$x=-3$
－3

(5) 一酸化炭素 $\underline{C}O$
$x+(-2)=0$　$x=+2$
＋2

(6) 二酸化炭素 $\underline{C}O_2$
$x+(-2)\times2=0$　$x=+4$
＋4

(7) アンモニウムイオン $\underline{N}H_4^+$
$x+(+1)\times4=+1$　$x=-3$
－3

(8) 硝酸イオン $\underline{N}O_3^-$
$x+(-2)\times3=-1$　$x=+5$
＋5

(9) ヨウ化カリウム $K\underline{I}$　$KI \longrightarrow K^+ + I^-$
単原子イオンの酸化数はイオンの価数に等しい。
－1

(10) 過マンガン酸カリウム $K\underline{Mn}O_4$
$KMnO_4 \longrightarrow K^+ + MnO_4^-$
$x+(-2)\times4=-1$　$x=+7$
＋7

(11) 二クロム酸カリウム $K_2\underline{Cr}_2O_7$
$K_2Cr_2O_7 \longrightarrow 2K^+ + Cr_2O_7^{2-}$
$x\times2+(-2)\times7=-2$　$x=+6$
＋6

2 次の反応式中の下線部の原子について，酸化数の変化を示し，「酸化された」または「還元された」のどちらかを書きなさい。

例 $\underline{Cu}O + H_2 \longrightarrow \underline{Cu} + H_2O$
解法 反応式中のすべての原子の酸化数は次のようになる。
$CuO + H_2 \longrightarrow Cu + H_2O$
（+2 －2）（0）（0）（+1 －2）
Cuについては，反応の前後で酸化数が減少していることから，還元されたことがわかる。
答 ＋2から0で還元された

(1) $\underline{Zn} + 2HCl \longrightarrow \underline{Zn}Cl_2 + H_2$
（0）（+1 －1）（+2 －1）（0）
0から＋2で酸化された

(2) $2H\underline{I} \longrightarrow H_2 + \underline{I}_2$
（+1 －1）（0）（0）
－1から0で酸化された

(3) $4HCl + \underline{Mn}O_2 \longrightarrow \underline{Mn}Cl_2 + 2H_2O + Cl_2$
（+1 －1）（+4 －2）（+2 －1）（+1 －2）（0）
＋4から＋2で還元された

3 次の反応で酸化された物質と還元された物質を化学式で書きなさい。

例 $H_2O_2 + H_2S \longrightarrow 2H_2O + S$
解法 反応式中のすべての原子の酸化数は次のようになる。
$H_2O_2 + H_2S \longrightarrow 2H_2O + S$
（+1 －1）（+1 －2）（+1 －2）（0）
H_2O_2 中のO原子の酸化数が－1から－2へと減少している。このO原子を含む H_2O_2 が還元された物質となる。一方，H_2S 中のS原子は－2から0に増加していることから，このS原子を含む H_2S が酸化された物質となる。
答 酸化された物質：H_2S　還元された物質：H_2O_2

(1) $2Mg + CO_2 \longrightarrow 2MgO + C$
（0）（+4 －2）（+2 －2）（0）
酸化された物質：Mg　還元された物質：CO_2

(2) $NH_3 + 2O_2 \longrightarrow HNO_3 + H_2O$
（－3 +1）（0）（+1 +5 －2）（+1 －2）
酸化された物質：NH_3　還元された物質：O_2

(3) $H_2O_2 + 2KI + H_2SO_4 \longrightarrow K_2SO_4 + 2H_2O + I_2$
（+1 －1）（+1 －1）（+1 +6 －2）（+1 +6 －2）（+1 －2）（0）
酸化された物質：KI　還元された物質：H_2O_2

(4) $SO_2 + Cl_2 + 2H_2O \longrightarrow H_2SO_4 + 2HCl$
（+4 －2）（0）（+1 －2）（+1 +6 －2）（+1 －1）
酸化された物質：SO_2　還元された物質：Cl_2

9 酸化・還元(2)

☑ Check!

- □ **酸化剤**（さんかざい）…相手の物質を酸化する物質(酸化剤自身は還元される)。
- □ **還元剤**（かんげんざい）…相手の物質を還元する物質(還元剤自身は酸化される)。

(還元剤)　物質 A ⟶ 物質 C
　　　　　　　e^-(電子)
(酸化剤)　物質 B ⟶ 物質 D
(化学反応式)　物質 A＋物質 B ⟶ 物質 C＋物質 D

(注)　放出する電子の量と受け取る電子の量は，等しくなる。

1 次の反応式において，波線部の物質は酸化剤・還元剤のどちらとしてはたらいているか書きなさい。

例　$CuO + H_2 \longrightarrow Cu + H_2O$　（Cu：+2 → 0）

答　酸化剤

(1) $2KI + Br_2 \longrightarrow 2KBr + I_2$　（I：−1 → 0）

KI 中の I 原子の酸化数が−1→0 に増加している。

還元剤

(2) $Mg + 2HCl \longrightarrow MgCl_2 + H_2$　（H：+1 → 0）

HCl 中の H 原子の酸化数が+1→0 に減少している。

酸化剤

(3) $SnCl_2 + 2HgCl_2 \longrightarrow Hg_2Cl_2 + SnCl_4$　（Sn：+2 → +4）

$SnCl_2$ 中の Sn 原子の酸化数が+2→+4 に増加している。

還元剤

(4) $MnO_2 + 4HCl \longrightarrow MnCl_2 + 2H_2O + Cl_2$　（Mn：+4 → +2）

MnO_2 中の Mn 原子の酸化数が+4→+2 に減少している。

酸化剤

(5) $2H_2S + SO_2 \longrightarrow 3S + 2H_2O$　（S：+4 → 0）

SO_2 中の S 原子の酸化数が+4→0 に減少している。

酸化剤

2 次の物質が酸性条件の水溶液中で酸化剤・還元剤としてはたらくときに起こる変化を，電子 e^- を含む反応式で書きなさい。

例　二酸化硫黄 SO_2 が酸化剤としてはたらき，S になる。

解法

① 酸化剤の変化を確認する。

$SO_2 \longrightarrow S$

② 酸化数の変化から，やりとりした電子を書く。

$\underset{+4}{SO_2} + 4e^- \longrightarrow \underset{0}{S}$

③ 両辺の電荷をそろえる(両辺の電荷を確認し，少ないほうへ H^+ を加える)。

$SO_2 + 4H^+ + 4e^- \longrightarrow S$

④ 両辺の原子数をそろえる(原子の数が等しくなるように，H_2O を加える)。

$SO_2 + 4H^+ + 4e^- \longrightarrow S + 2H_2O$

答　$SO_2 + 4H^+ + 4e^- \longrightarrow S + 2H_2O$

(1) 過酸化水素 H_2O_2 が酸化剤としてはたらき，H_2O になる。

① $H_2O_2 \longrightarrow H_2O$(変化の確認)
② $\underset{-1}{H_2O_2} + 2e^- \longrightarrow \underset{-2}{H_2O}$(酸化数と e^-)
③ $H_2O_2 + 2H^+ + 2e^- \longrightarrow H_2O$(電荷と H^+)
④ $H_2O_2 + 2H^+ + 2e^- \longrightarrow 2H_2O$(原子数と H_2O)

$H_2O_2 + 2H^+ + 2e^- \longrightarrow 2H_2O$

(2) 硫酸酸性の過マンガン酸カリウムが酸化剤としてはたらき，MnO_4^- が Mn^{2+} になる。

① $MnO_4^- \longrightarrow Mn^{2+}$(変化の確認)
② $\underset{+7}{MnO_4^-} + 5e^- \longrightarrow \underset{+2}{Mn^{2+}}$(酸化数と e^-)
③ $MnO_4^- + 8H^+ + 5e^- \longrightarrow Mn^{2+}$(電荷と H^+)
④ $MnO_4^- + 8H^+ + 5e^- \longrightarrow Mn^{2+} + 4H_2O$(原子数と H_2O)

$MnO_4^- + 8H^+ + 5e^- \longrightarrow Mn^{2+} + 4H_2O$

(3) 塩素 Cl_2 が酸化剤としてはたらき，Cl^- になる。

① $Cl_2 \longrightarrow 2Cl^-$(変化の確認，Cl 原子の数がそろっていないのであわせる)
② $\underset{0}{Cl_2} + 2e^- \longrightarrow \underset{-1}{2Cl^-}$(酸化数と e^-)
③④ 電荷と原子数はそろっているので，あわせる必要はない

$Cl_2 + 2e^- \longrightarrow 2Cl^-$

(4) 過酸化水素 H_2O_2 が還元剤としてはたらき，O_2 になる。

① $H_2O_2 \longrightarrow O_2$(変化の確認)
② $\underset{-1}{H_2O_2} \longrightarrow \underset{0}{O_2} + 2e^-$(酸化数と e^-)
③ $H_2O_2 \longrightarrow O_2 + 2H^+ + 2e^-$(電荷と H^+)
④ 原子数はそろっているので，あわせる必要はない

$H_2O_2 \longrightarrow O_2 + 2H^+ + 2e^-$

(5) 硫化水素 H_2S が還元剤としてはたらき，S になる。

① $H_2S \longrightarrow S$(変化の確認)
② $H_2\underset{-2}{S} \longrightarrow \underset{0}{S} + 2e^-$(酸化数と e^-)
③ $H_2S \longrightarrow S + 2H^+ + 2e^-$(電荷と H^+)
④ 原子数はそろっているので，あわせる必要はない

$H_2S \longrightarrow S + 2H^+ + 2e^-$

(6) 二酸化硫黄 SO_2 が還元剤としてはたらき，SO_4^{2-} になる。

① $SO_2 \longrightarrow SO_4^{2-}$(変化の確認)
② $\underset{+4}{SO_2} \longrightarrow \underset{+6}{SO_4^{2-}} + 2e^-$(酸化数と e^-)
③ $SO_2 \longrightarrow SO_4^{2-} + 4H^+ + 2e^-$(電荷と H^+)
④ $SO_2 + 2H_2O \longrightarrow SO_4^{2-} + 4H^+ + 2e^-$(原子数と H_2O)

$SO_2 + 2H_2O \longrightarrow SO_4^{2-} + 4H^+ + 2e^-$

(7) ヨウ化カリウム KI が還元剤としてはたらき，I^- が I_2 になる。

① $2I^- \longrightarrow I_2$(変化の確認，I 原子の数がそろっていないのであわせる)
② $\underset{+1}{2I^-} \longrightarrow \underset{0}{I_2} + 2e^-$(酸化数と e^-)
③④ 電荷と原子数はそろっているので，あわせる必要はない

$2I^- \longrightarrow I_2 + 2e^-$

金属単体は，還元剤としてはたらく。

電子 e^- を含む反応式では，反応物と生成物の原子の数，電荷，酸化数の変化と電子の数の和が等しくなる。

10 酸化・還元(3)

1 次の酸化還元反応をイオン反応式または化学反応式で書きなさい。なお，必要があれば，酸化剤・還元剤の電子 e^- を含む反応式は P.20〜21 を参照せよ。

例 **硫酸酸性のヨウ化カリウム水溶液に過酸化水素水を加える。**

解法 過酸化水素 H_2O_2 は酸性水溶液中で酸化剤としてはたらき，ヨウ化カリウム KI 中のヨウ化物イオン I^- は還元剤としてはたらく。それぞれのイオン反応式は次のようになる。

$H_2O_2 + 2H^+ + 2e^- \longrightarrow 2H_2O$ …①

$2I^- \longrightarrow I_2 + 2e^-$ …②

①＋②より，e^- を消去すると，

$H_2O_2 + 2H^+ + 2I^- \longrightarrow 2H_2O + I_2$

答 $H_2O_2 + 2H^+ + 2I^- \longrightarrow 2H_2O + I_2$

(1) ヨウ化カリウム水溶液に塩素を吹き込む。(酸化剤：塩素，還元剤：ヨウ化カリウム(I^-))

解説 $Cl_2 + 2e^- \longrightarrow 2Cl^-$ …①　$2I^- \longrightarrow I_2 + 2e^-$ …②

①＋②より，e^- を消去すると，$Cl_2 + 2I^- \longrightarrow I_2 + 2Cl^-$

$Cl_2 + 2I^- \longrightarrow I_2 + 2Cl^-$

(2) 二酸化硫黄の溶けた水溶液に塩素を吹き込む。(酸化剤：塩素，還元剤：二酸化硫黄)

解説 $Cl_2 + 2e^- \longrightarrow 2Cl^-$ …①　$SO_2 + 2H_2O \longrightarrow SO_4^{2-} + 4H^+ + 2e^-$ …②

①＋②より，e^- を消去すると，$Cl_2 + SO_2 + 2H_2O \longrightarrow 2HCl + H_2SO_4$

$Cl_2 + SO_2 + 2H_2O \longrightarrow 2HCl + H_2SO_4$

(3) 硫化水素水に二酸化硫黄を吹き込む。(酸化剤：二酸化硫黄，還元剤：硫化水素水)

解説 $SO_2 + 4H^+ + 4e^- \longrightarrow S + 2H_2O$ …①　$H_2S \longrightarrow S + 2H^+ + 2e^-$ …②

①＋②×2 より，e^- を消去すると，$SO_2 + 2H_2S \longrightarrow 3S + 2H_2O$

$SO_2 + 2H_2S \longrightarrow 3S + 2H_2O$

(4) 硫酸酸性の過マンガン酸カリウム水溶液に過酸化水素水を加える。
(酸化剤：過マンガン酸カリウム(MnO_4^-)，還元剤：過酸化水素水)

解説 過マンガン酸カリウム $KMnO_4$ 中の過マンガン酸イオン MnO_4^- は，酸性水溶液中で酸化剤としてはたらき，このとき過酸化水素 H_2O_2 は還元剤としてはたらく。

$MnO_4^- + 8H^+ + 5e^- \longrightarrow Mn^{2+} + 4H_2O$ …①　$H_2O_2 \longrightarrow O_2 + 2H^+ + 2e^-$ …②

①×2＋②×5より，e^- を消去すると，$2MnO_4^- + 5H_2O_2 + 6H^+ \longrightarrow 2Mn^{2+} + 8H_2O + 5O_2$

$2MnO_4^- + 5H_2O_2 + 6H^+ \longrightarrow 2Mn^{2+} + 8H_2O + 5O_2$

2 次の問いに答えなさい。

例 **硫酸酸性のヨウ化カリウム KI 水溶液に過酸化水素水 H_2O_2 を加えると，次のように反応する。**

$2KI + H_2O_2 + H_2SO_4 \longrightarrow I_2 + 2H_2O + K_2SO_4$

濃度がわからない KI 水溶液 20 mL を酸化するのに，0.10 mol/L の H_2O_2 が 30 mL 必要であった。この KI 水溶液のモル濃度を求めなさい。

解法 化学反応式より，反応する KI と H_2O_2 の物質量の比は 2：1 であることがわかる。
KI 水溶液のモル濃度を x〔mol/L〕とすると，それぞれの水溶液に含まれる KI と H_2O_2 の物質量の比から，次の式が成り立つ。

$x\text{〔mol/L〕} \times \frac{20}{1000}\text{L}$ (KI の物質量) : $0.10\text{ mol/L} \times \frac{30}{1000}\text{L}$ (H_2O_2 の物質量) $= 2 : 1$　$x = 0.30$ mol/L

答 0.30 mol/L

(1) 二酸化硫黄 SO_2 水溶液に硫化水素 H_2S 水溶液を加えると，次のように反応する。

$SO_2 + 2H_2S \longrightarrow 3S + 2H_2O$

濃度がわからない SO_2 水溶液 10 mL を還元するのに，1.0×10^{-2} mol/L の H_2S 水溶液が 50 mL 必要であった。この SO_2 水溶液のモル濃度を求めなさい。

解説 化学反応式より，反応する SO_2 と H_2S の物質量の比は 1：2 であることがわかる。
SO_2 水溶液のモル濃度を x〔mol/L〕とすると，それぞれの水溶液に含まれる SO_2 と H_2S の物質量の比から，次の式が成り立つ。

$x\text{〔mol/L〕} \times \frac{10}{1000}\text{L}$ (SO_2 の物質量) : $1.0\times10^{-2}\text{ mol/L} \times \frac{50}{1000}\text{L}$ (H_2S の物質量) $= 1 : 2$　$x = 0.025$ mol/L

$2.5\times10^{-2}(0.025)$ mol/L

3 次の問いに答えなさい。

例 **硫酸酸性の水溶液中で，過マンガン酸イオン MnO_4^- と鉄(Ⅱ)イオン Fe^{2+} はそれぞれ酸化剤，還元剤として次の式のようにはたらく。**

$MnO_4^- + 8H^+ + 5e^- \longrightarrow Mn^{2+} + 4H_2O$ …①　$Fe^{2+} \longrightarrow Fe^{3+} + e^-$ …②

0.10 mol/L の硫酸鉄(Ⅱ)$FeSO_4$ 水溶液 20 mL とちょうど反応する 0.050 mol/L の硫酸酸性の過マンガン酸カリウム $KMnO_4$ 水溶液の体積は何 mL か求めなさい。

解法 酸化剤(MnO_4^-)が受け取る e^- の物質量＝還元剤(Fe^{2+})が与える e^- の物質量を考える。
MnO_4^- は 1 mol あたり 5 mol の e^- を受け取り，Fe^{2+} は 1 mol あたり 1 mol の e^- を与える。
反応に必要な $KMnO_4$ 水溶液の体積を x〔mL〕とすると，次の式が成り立つ。

$0.050\text{ mol/L} \times \frac{x}{1000}\text{L} \times 5 = 0.10\text{ mol/L} \times \frac{20}{1000}\text{L} \times 1$　$x = 8.0$ mL

答 8.0 mL

(1) 濃度がわからない硫酸酸性の過マンガン酸カリウム $KMnO_4$ 水溶液 20 mL と 5.0×10^{-2} mol/L の過酸化水素 H_2O_2 水 10 mL がちょうど反応した。次のイオン反応式を用いて，$KMnO_4$ 水溶液のモル濃度を求めなさい。

$MnO_4^- + 8H^+ + 5e^- \longrightarrow Mn^{2+} + 4H_2O$ …①　$H_2O_2 \longrightarrow O_2 + 2H^+ + 2e^-$ …②

解説 過マンガン酸イオン MnO_4^- は 1 mol あたり 5 mol の e^- を受け取り，H_2O_2 は 1 mol あたり 2 mol の e^- を与える。
$KMnO_4$ 水溶液のモル濃度を x〔mol/L〕とすると，次の式が成り立つ。

$x\text{〔mol/L〕} \times \frac{20}{1000}\text{L} \times 5 = 5.0\times10^{-2}\text{ mol/L} \times \frac{10}{1000}\text{L} \times 2$　$x = 1.0\times10^{-2}$ mol/L

1.0×10^{-2} mol/L

11 金属のイオン化傾向

Check!

□ **金属のイオン化傾向**
　金属が，水溶液中で陽イオンになる傾向のこと。

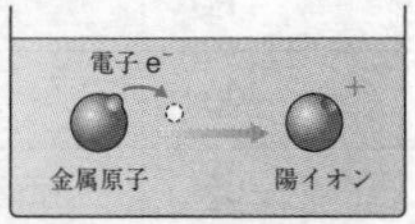

例：Ag ⟶ $Ag^+ + e^-$

金属と金属イオンの反応

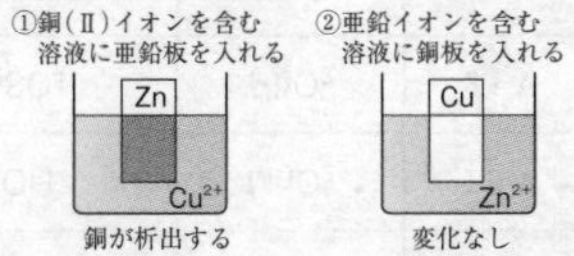

□ **金属のイオン化列**
　金属をイオン化傾向の大きい順に並べたもの。

大 ⟵ イオン化傾向 ⟶ 小

		Li	K	Ca	Na	Mg	Al	Zn	Fe	Ni	Sn	Pb	(H_2)	Cu	Hg	Ag	Pt	Au
水との反応	常温で反応する	○	○	○	○													
	沸騰水と反応する	○	○	○	○	○												
	高温の水蒸気と反応する	○	○	○	○	○	○	○	○									
酸との反応	塩酸・希硫酸と反応して，水素が発生する*	○	○	○	○	○	○	○	○	○	○	○						
	硝酸・熱濃硫酸と反応して溶ける**	○	○	○	○	○	○	○	○	○	○	○	○	○	○	○		
	王水***と反応して溶ける	○	○	○	○	○	○	○	○	○	○	○	○	○	○	○	○	○

* Pb は塩酸や希硫酸とはほとんど反応しない。
** Al，Fe，Ni などは濃硝酸とはほとんど反応しない。
*** 濃硝酸と濃塩酸を体積比 1：3 の割合で混合した溶液で，酸化力がきわめて強い。

金属のイオン化傾向の大小によって，空気・水・酸に対する金属の反応性は異なる。

1 次の記述にあてはまる金属を(　)内に示した数だけ答えなさい。ただし，元素は次の語群の中から選ぶものとする。

＜語群＞　Au，Ag，Al，Cu，Fe，Na，Ni，Sn，Zn

例 **常温の水と反応して溶ける金属(1)**
解法 イオン化傾向の大きい Li，K，Ca，Na は常温の水と反応し，水素が発生する。
答 Na

(1) 常温の水とは反応しないが，高温の水蒸気と反応して溶ける。(3)
解説 Al，Zn，Fe などは高温の水蒸気とは反応し，水素が発生する。
Al，Zn，Fe

(2) 希塩酸や希硫酸と反応して溶ける。(6)
解説 イオン化傾向が水素より大きい金属は，希塩酸や希硫酸に溶け，水素が発生する。
Na，Al，Zn，Fe，Ni，Sn

(3) 酸化作用の強い酸のみに反応して溶ける。(2)
解説 Cu，Hg，Ag は希酸には溶けないが，酸化力のある酸(硝酸・熱濃硫酸)には溶ける。
Cu，Ag

(4) 王水のみに反応して溶ける。(1)
解説 Pt，Au は王水にのみ溶ける。王水は，濃硝酸と濃塩酸を体積比 1：3 で混合した液のこと。
Au

(5) 石油中に保存しておかなければならない。(1)
解説 アルカリ金属元素(Li，Na，K など)は，石油中に保存する。
Na

2 次の組み合わせで起こる変化を化学反応式で書き，変化がない場合は×を書きなさい。

例 **硫酸銅(Ⅱ)水溶液に亜鉛**
解法 イオン化傾向の大きさは Zn＞Cu である。したがって，Cu^{2+} を含む水溶液に Zn を入れたとき，Zn の表面に銅が析出する。
答 $Zn + CuSO_4 \longrightarrow ZnSO_4 + Cu$

(1) 硝酸銀水溶液に亜鉛
解説 イオン化傾向の大きさは Zn＞Ag である。
$Zn + 2AgNO_3 \longrightarrow Zn(NO_3)_2 + 2Ag$

(2) 硝酸銀水溶液に銅
解説 イオン化傾向の大きさは Cu＞Ag である。
$Cu + 2AgNO_3 \longrightarrow Cu(NO_3)_2 + 2Ag$

(3) 硫酸銅(Ⅱ)水溶液に鉄
解説 イオン化傾向の大きさは Fe＞Cu である。
$Fe + CuSO_4 \longrightarrow FeSO_4 + Cu$

(4) 塩化スズ(Ⅱ)水溶液に亜鉛
解説 イオン化傾向の大きさは Zn＞Sn である。
$Zn + SnCl_2 \longrightarrow ZnCl_2 + Sn$

(5) 硫酸亜鉛水溶液に銅
解説 イオン化傾向の大きさは Zn＞Cu である。
×

(6) 硝酸銀水溶液に鉛
解説 イオン化傾向の大きさは Pb＞Ag である。
$Pb + 2AgNO_3 \longrightarrow Pb(NO_3)_2 + 2Ag$

3 次の問いに答えなさい。

(1) 5 種類の金属 A，B，C，D，E がある。次の①～③の記述から，A～E のイオン化傾向の大小を求めなさい。
① B のみ常温の水と反応する。C は高温の水蒸気とならば反応する。
② A，D だけが希塩酸と反応しない。また，A は王水にだけ溶ける。
③ E のイオンを含む溶液に C を入れると，C は溶けてイオンになり，E が析出する。
解説 イオン化傾向の大きい金属ほど，水・空気などと容易に(激しく)反応するので，反応の結果から，イオン化傾向の大きい順を決定する。
① 「B は常温の水と反応し，C は高温の水蒸気と反応する」ので，B＞C＞(A，D，E)
② 「A，D だけが希塩酸とは反応しない」ので，(B，C，E)＞(A，D)
「A は王水にのみ溶ける」ので，(B，C，E)＞D＞A
③ 「E のイオンを含む水溶液に，C を入れると E が析出する」ので，C＞E
①～③を総合すると，「B＞C＞E＞D＞A」となる。
イオン化傾向(大)(B ＞ C ＞ E ＞ D ＞ A)イオン化傾向(小)

(2) ①～④の実験結果から，A～E はそれぞれ Ag，Zn，Ca，Au，Fe のどの金属か推定しなさい。
① A～E をそれぞれ水に入れると，B だけが反応した。
② A～E をそれぞれ希塩酸に入れると，D と E は反応しなかった。
③ A～E をそれぞれ希硝酸に入れると，D だけは反応しなかった。
④ C のイオンを含む水溶液に A を入れると，A の表面に C が析出した。
解説 実験結果から金属を特定する。
① 「B は水と反応する」ので，B は Ca。
② 「D，E は希塩酸と反応しない」ので，D と E は Ag か Au。
③ 「D は希硝酸と反応しない」ので，D は Au，②より，E は Ag。
④ 「C のイオンを含む水溶液に A の金属を入れると，C が析出する」ので，A＞C
残りの A と C は Zn か Fe であり，④より，A は Zn，C は Fe。
A：Zn　B：Ca　C：Fe　D：Au　E：Ag

12 電池

✓Check!

□ **電池(化学電池)**(でんち かがくでんち)

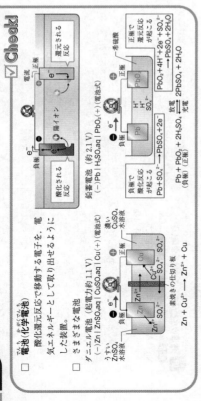

酸化還元反応で移動する電子を，電気エネルギーとして取り出せるようにした装置。

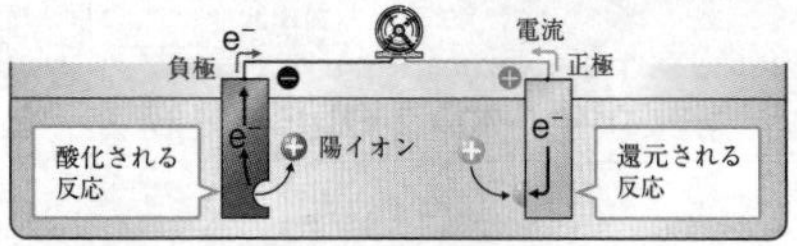

□ さまざまな電池

ダニエル電池（起電力約 1.1 V）
(−)Zn | $ZnSO_4$aq | $CuSO_4$aq | Cu(+)（電池式）

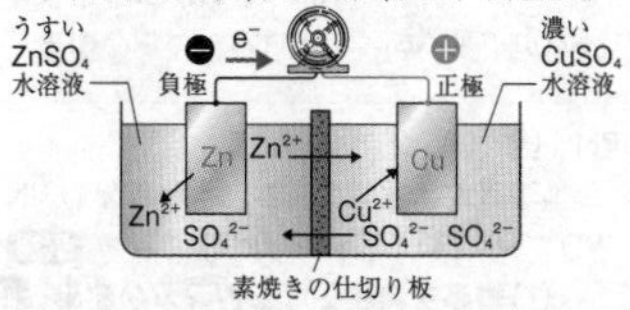

$Zn + Cu^{2+} \longrightarrow Zn^{2+} + Cu$

鉛蓄電池（約 2.1 V）
(−)Pb | H_2SO_4aq | PbO_2(+)（電池式）

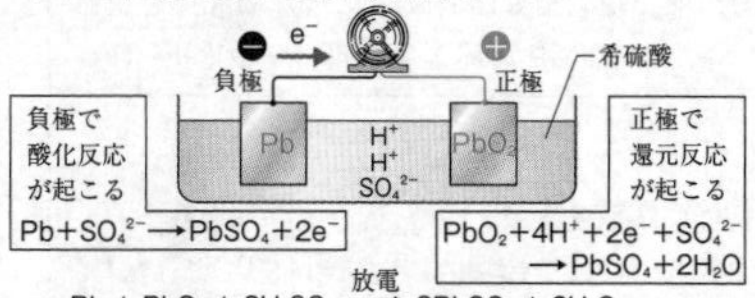

$Pb + PbO_2 + 2H_2SO_4 \underset{充電}{\overset{放電}{\rightleftarrows}} 2PbSO_4 + 2H_2O$
（負極）（正極）

1 ２種類の金属板を電解質溶液に浸して電池をつくったとき，正極·負極になるものを答えなさい。

例 亜鉛板と銅板
解法 イオン化列の左側にある金属ほど，イオン化傾向が大きく，電池の負極になる。
答 正極：銅板　負極：亜鉛板

(1) 銀板と鉄板

正極：　銀板　負極：　鉄板

(2) 亜鉛板と白金板

正極：　白金板　負極：　亜鉛板

(3) マグネシウム板と銅板

正極：　銅板　負極：マグネシウム板

(4) 鉄板と鉛板

正極：　鉛板　負極：　鉄板

(5) 鉄板と銅板

正極：　銅板　負極：　鉄板

2 次の電池の構成から，実用電池の名称を書きなさい。

	電池	負極	電解質	正極	起電力
(1)	マンガン乾電池	Zn	$ZnCl_2$, NH_4Cl	MnO_2	1.5 V
(2)	アルカリマンガン乾電池	Zn	KOH	MnO_2	1.5 V
(3)	鉛蓄電池	Pb	H_2SO_4	PbO_2	2.1 V
(4)	リチウムイオン電池	C_6Li	有機電解質	$LiCoO_2$	3.6 V
(5)	燃料電池(リン酸形)	H_2	H_3PO_4	O_2	1.2 V

3 発展 次の代表的な電池の正極，負極での反応，および全体での反応を書きなさい。

例 ボルタ電池　(−)Zn | H_2SO_4aq | Cu(+)

電極	負極	正極
電極の組成	Zn	Cu
電極での反応	$Zn \longrightarrow Zn^{2+} + 2e^-$	$2H^+ + 2e^- \longrightarrow H_2$
全体での反応	$Zn + 2H^+ \longrightarrow Zn^{2+} + H_2$	

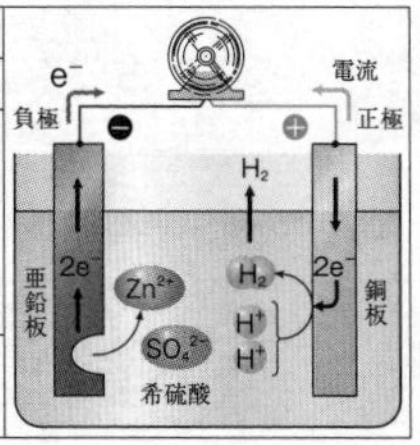

解法 負極では酸化反応が起こり，電子を放出する。正極では電子を受け取り，還元反応が起こる。

(1) ダニエル電池　(−)Zn | $ZnSO_4$aq | $CuSO_4$aq | Cu(+)

電極	負極	正極
電極の組成	Zn	Cu
電極での反応	$Zn \longrightarrow Zn^{2+} + 2e^-$	$Cu^{2+} + 2e^- \longrightarrow Cu$
全体での反応	$Zn + Cu^{2+} \longrightarrow Zn^{2+} + Cu$	

(2) 鉛蓄電池　(−)Pb | H_2SO_4aq | PbO_2(+)

電極	負極	正極
電極の組成	Pb	PbO_2
電極での反応	$Pb + SO_4^{2-} \longrightarrow PbSO_4 + 2e^-$	$PbO_2 + 4H^+ + SO_4^{2-} + 2e^- \longrightarrow PbSO_4 + 2H_2O$
全体での反応	$Pb + PbO_2 + 2H_2SO_4 \longrightarrow 2PbSO_4 + 2H_2O$	

※充電のときは，上の表と逆向きの反応が起こる。 $2PbSO_4 + 2H_2O \longrightarrow Pb + PbO_2 + 2H_2SO_4$

(3) 燃料電池(リン酸形)　(−)H_2 | H_3PO_4aq | O_2(+)

電極	負極	正極
電極の組成	H_2	O_2
電極での反応	$H_2 \longrightarrow 2H^+ + 2e^-$	$O_2 + 4H^+ + 4e^- \longrightarrow 2H_2O$
全体での反応	$2H_2 + O_2 \longrightarrow 2H_2O$	

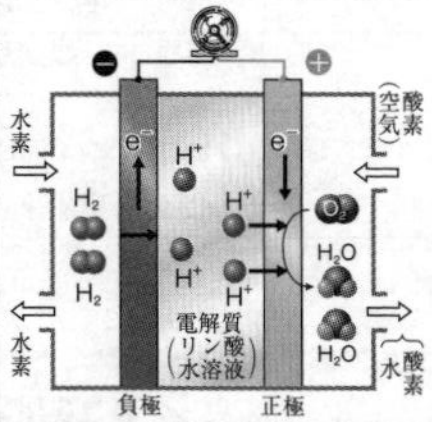

13 発展 電気分解

Check!

□ 電気分解の原理

塩化銅(Ⅱ)溶液の電気分解

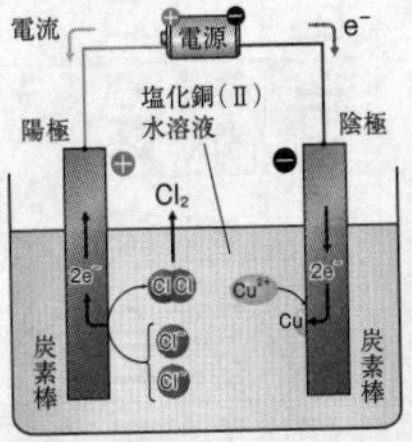

□ 電極での反応

陰極…陽イオンが電子を受け取る（**還元反応**）。

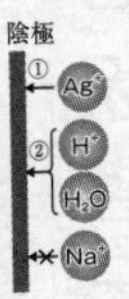

・イオン化傾向がHより小さい金属イオン
→ 金属単体が析出する。
$Ag^+ + e^- \longrightarrow Ag$ など

・イオン化傾向がHより大きい金属イオン
→ 金属は析出せず，水素 H_2 が発生。

陽極…陰イオンが電子を失う（**酸化反応**）。

※銅(銀)電極の場合，電極がイオンとなって溶ける。

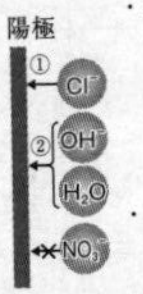

・ハロゲン(Cl, Br, I)化物イオンを含む。
→ ハロゲン(Cl, Br, I)単体が析出する。
$2Cl^- \longrightarrow Cl_2 + 2e^-$ など

・ハロゲン化物イオンを含まない。
→ 陰イオンは酸化されず，酸素 O_2 が発生。

陽極…電源の正極につないだ電極。
陰極…電源の負極につないだ電極。

$2H^+ + 2e^- \longrightarrow H_2$ （酸性）
$2H_2O + 2e^- \longrightarrow H_2 + 2OH^-$ （中性・塩基性）
$2H_2O \longrightarrow O_2 + 4H^+ + 4e^-$ （酸性・中性）
$4OH^- \longrightarrow O_2 + 2H_2O + 4e^-$ （塩基性）

1 次の水溶液を炭素電極を用いて電気分解したときに生成する単体を，化学式で書きなさい。

例 **塩化銅(Ⅱ)水溶液**
解法 $CuCl_2 \longrightarrow Cu^{2+} + 2Cl^-$ より，水溶液中には，Cu^{2+} と Cl^- が存在する。それぞれの電極では次の反応が起こる。
陽極：$2Cl^- \longrightarrow Cl_2 + 2e^-$
陰極：$Cu^{2+} + 2e^- \longrightarrow Cu$
答 陽極：Cl_2　陰極：Cu

(1) 硝酸銀水溶液
$AgNO_3 \longrightarrow Ag^+ + NO_3^-$ より，水溶液中には，Ag^+ と NO_3^- が存在する。NO_3^- は水よりも酸化されにくいため，それぞれの電極では次の反応が起こる。
陽極：$2H_2O \longrightarrow O_2 + 4H^+ + 4e^-$
陰極：$Ag^+ + e^- \longrightarrow Ag$
陽極：　O_2　陰極：　Ag

(2) 水酸化ナトリウム水溶液
$NaOH \longrightarrow Na^+ + OH^-$ より，水溶液中には，Na^+ と OH^- が存在する。Na^+ は水よりも還元されにくいため，それぞれの電極では次の反応が起こる。
陽極：$4OH^- \longrightarrow O_2 + 2H_2O + 4e^-$
陰極：$2H_2O + 2e^- \longrightarrow H_2 + 2OH^-$
陽極：　O_2　陰極：　H_2

(3) 硫酸銅(Ⅱ)水溶液
$CuSO_4 \longrightarrow Cu^{2+} + SO_4^{2-}$ より，水溶液中には，Cu^{2+} と SO_4^{2-} が存在する。SO_4^{2-} は水よりも酸化されにくいため，それぞれの電極では次の反応が起こる。
陽極：$2H_2O \longrightarrow O_2 + 4H^+ + 4e^-$
陰極：$Cu^{2+} + 2e^- \longrightarrow Cu$
陽極：　O_2　陰極：　Cu

(4) ヨウ化カリウム水溶液
$KI \longrightarrow K^+ + I^-$ より，水溶液中には，K^+ と I^- が存在する。K^+ は水よりも還元されにくいため，それぞれの電極では次の反応が起こる。
陽極：$2I^- \longrightarrow I_2 + 2e^-$
陰極：$2H_2O + 2e^- \longrightarrow H_2 + 2OH^-$
陽極：　I_2　陰極：　H_2

(5) 硫酸ナトリウム水溶液
$Na_2SO_4 \longrightarrow 2Na^+ + SO_4^{2-}$ より，水溶液中には，Na^+ と SO_4^{2-} が存在する。SO_4^{2-} は水よりも酸化されにくく，Na^+ は水よりも還元されにくいため，それぞれの電極では次の反応が起こる。
陽極：$2H_2O \longrightarrow O_2 + 4H^+ + 4e^-$
陰極：$2H_2O + 2e^- \longrightarrow H_2 + 2OH^-$
陽極：　O_2　陰極：　H_2

2 次の水溶液を電気分解したときの各電極の変化を，e^- を含むイオン反応式で書きなさい。なお，(　)は電極に用いた物質を表している。

例 **水酸化ナトリウム水溶液(白金 Pt)**
答 陽極(Pt)：$4OH^- \longrightarrow O_2 + 2H_2O + 4e^-$　陰極(Pt)：$2H_2O + 2e^- \longrightarrow H_2 + 2OH^-$

(1) 硫酸(白金 Pt)
陽極(Pt)：$2H_2O \longrightarrow O_2 + 4H^+ + 4e^-$　陰極(Pt)：$2H^+ + 2e^- \longrightarrow H_2$

(2) 硫酸銅(Ⅱ)水溶液(白金 Pt)
陽極(Pt)：$2H_2O \longrightarrow O_2 + 4H^+ + 4e^-$　陰極(Pt)：$Cu^{2+} + 2e^- \longrightarrow Cu$

(3) 硫酸銅(Ⅱ)水溶液(銅 Cu)
陽極が Cu や Ag のときは，電極が溶ける。
陽極(Cu)：$Cu \longrightarrow Cu^{2+} + 2e^-$　陰極(Cu)：$Cu^{2+} + 2e^- \longrightarrow Cu$

(4) 塩化ナトリウム水溶液(陽極炭素 C，陰極鉄 Fe)
陽極(C)：$2Cl^- \longrightarrow Cl_2 + 2e^-$　陰極(Fe)：$2H_2O + 2e^- \longrightarrow H_2 + 2OH^-$

(5) 硝酸銀水溶液(白金 Pt)
陽極(Pt)：$2H_2O \longrightarrow O_2 + 4H^+ + 4e^-$　陰極(Pt)：$Ag^+ + e^- \longrightarrow Ag$

(6) 硝酸銀水溶液(銀 Ag)
陽極が Cu や Ag のときは，電極が溶ける。
陽極(Ag)：$Ag \longrightarrow Ag^+ + e^-$　陰極(Ag)：$Ag^+ + e^- \longrightarrow Ag$

(7) 塩化銅(Ⅱ)水溶液(炭素 C)
陽極(C)：$2Cl^- \longrightarrow Cl_2 + 2e^-$　陰極(C)：$Cu^{2+} + 2e^- \longrightarrow Cu$

(8) ヨウ化カリウム水溶液(炭素 C)
陽極(C)：$2I^- \longrightarrow I_2 + 2e^-$　陰極(C)：$2H_2O + 2e^- \longrightarrow H_2 + 2OH^-$

(9) 塩化カリウム水溶液(炭素 C)
陽極(C)：$2Cl^- \longrightarrow Cl_2 + 2e^-$　陰極(C)：$2H_2O + 2e^- \longrightarrow H_2 + 2OH^-$

イオンや生成する単体への変化を P.20 2 にならって書けばよい。

周期表ドリル

1 次の表の空欄をうめ，周期表を完成させなさい。

周期＼族	1	2	3	4	5	6	7	8	9	10	11	12	13	14	15	16	17	18
1	H																	He
	水素																	ヘリウム
2	Li	Be											B	C	N	O	F	Ne
	リチウム	ベリリウム											ホウ素	炭素	窒素	酸素	フッ素	ネオン
3	Na	Mg											Al	Si	P	S	Cl	Ar
	ナトリウム	マグネシウム											アルミニウム	ケイ素	リン	硫黄	塩素	アルゴン
4	K	Ca	Sc	Ti	V	Cr	Mn	Fe	Co	Ni	Cu	Zn	Ga	Ge	As	Se	Br	Kr
	カリウム	カルシウム	スカンジウム	チタン	バナジウム	クロム	マンガン	鉄	コバルト	ニッケル	銅	亜鉛	ガリウム	ゲルマニウム	ヒ素	セレン	臭素	クリプトン
5	Rb	Sr	Y	Zr	Nb	Mo	Tc	Ru	Rh	Pd	Ag	Cd	In	Sn	Sb	Te	I	Xe
	ルビジウム	ストロンチウム	イットリウム	ジルコニウム	ニオブ	モリブデン	テクネチウム	ルテニウム	ロジウム	パラジウム	銀	カドミウム	インジウム	スズ	アンチモン	テルル	ヨウ素	キセノン
6	Cs	Ba	La-Lu	Hf	Ta	W	Re	Os	Ir	Pt	Au	Hg	Tl	Pb	Bi	Po	At	Rn
	セシウム	バリウム	ランタノイド	ハフニウム	タンタル	タングステン	レニウム	オスミウム	イリジウム	白金	金	水銀	タリウム	鉛	ビスマス	ポロニウム	アスタチン	ラドン
7	Fr	Ra	Ac-Lr	Rf	Db	Sg	Bh	Hs	Mt	Ds	Rg	Cn	Nh	Fl	Mc	Lv	Ts	Og
	フランシウム	ラジウム	アクチノイド	ラザホージウム	ドブニウム	シーボーギウム	ボーリウム	ハッシウム	マイトネリウム	ダームスタチウム	レントゲニウム	コペルニシウム	ニホニウム	フレロビウム	モスコビウム	リバモリウム	テネシン	オガネソン

2 次の表の空欄をうめ，周期表を完成させなさい。

周期＼族	1	2	3	4	5	6	7	8	9	10	11	12	13	14	15	16	17	18
1	H																	He
	水素																	ヘリウム
2	Li	Be											B	C	N	O	F	Ne
	リチウム	ベリリウム											ホウ素	炭素	窒素	酸素	フッ素	ネオン
3	Na	Mg											Al	Si	P	S	Cl	Ar
	ナトリウム	マグネシウム											アルミニウム	ケイ素	リン	硫黄	塩素	アルゴン
4	K	Ca	Sc	Ti	V	Cr	Mn	Fe	Co	Ni	Cu	Zn	Ga	Ge	As	Se	Br	Kr
	カリウム	カルシウム	スカンジウム	チタン	バナジウム	クロム	マンガン	鉄	コバルト	ニッケル	銅	亜鉛	ガリウム	ゲルマニウム	ヒ素	セレン	臭素	クリプトン
5	Rb	Sr	Y	Zr	Nb	Mo	Tc	Ru	Rh	Pd	Ag	Cd	In	Sn	Sb	Te	I	Xe
	ルビジウム	ストロンチウム	イットリウム	ジルコニウム	ニオブ	モリブデン	テクネチウム	ルテニウム	ロジウム	パラジウム	銀	カドミウム	インジウム	スズ	アンチモン	テルル	ヨウ素	キセノン
6	Cs	Ba	La-Lu	Hf	Ta	W	Re	Os	Ir	Pt	Au	Hg	Tl	Pb	Bi	Po	At	Rn
	セシウム	バリウム	ランタノイド	ハフニウム	タンタル	タングステン	レニウム	オスミウム	イリジウム	白金	金	水銀	タリウム	鉛	ビスマス	ポロニウム	アスタチン	ラドン
7	Fr	Ra	Ac-Lr	Rf	Db	Sg	Bh	Hs	Mt	Ds	Rg	Cn	Nh	Fl	Mc	Lv	Ts	Og
	フランシウム	ラジウム	アクチノイド	ラザホージウム	ドブニウム	シーボーギウム	ボーリウム	ハッシウム	マイトネリウム	ダームスタチウム	レントゲニウム	コペルニシウム	ニホニウム	フレロビウム	モスコビウム	リバモリウム	テネシン	オガネソン